수컷들의
육아분투기

수컷들의
육아분투기

아빠 동물들의 눈물겨운 자식 키우기

이나가키 히데히로 지음 | 김수정 옮김

WILLCOMPANY

차례

제1부

생물에게 육아란 무엇인가?

제2부

육아 잘하는 수컷에게 배워라!

제1부
생물에게 육아란 무엇인가?

1

남자가 존재하는 이유

왜 남자와 여자가 있을까?

생물에는 암컷과 수컷이 있고 인간에는 여자와 남자가 있다. 수컷의 육아에 대해 생각하기에 앞서 왜 생물에 암컷과 수컷이 존재하는지 생각해보자.

아이들의 순수한 질문에 전문가가 알기 쉽게 답해주는 라디오 전화상담 프로그램에는 가끔 깜짝 놀랄 만한 질문이 도착한다. 다섯 살 정도의 남자아이인 것 같은데, 이런 질문을 했다.

"세상에는 왜 여자아이와 남자아이가 있는 거예요?"

세상에는 여자와 남자가 있다. 당연한 것처럼 생각되지만 생물에게 꼭 암컷과 수컷이 있어야만 하는 것은 아니다. 암컷과 수컷이 있다는 것은 정말로 이상한 일이다.

라디오 전화상담실은 과학이나 그 외 아이들의 질문에 전문가인 선생님이 이해하기 쉽게 설명해주는 프로그램이다. 그런데 가끔씩 아이들의 순수한 질문에 전문가가 꼼짝 못할 때가 있다. 또 때로는 명답으로 "아하, 그렇구나!" 하고 무릎을 탁 치게 할 때도 있다. 이런 주거니 받거니 하는 것이 이 방송의 매력이다.

그런데 안타깝게도 '여자와 남자가 있는 이유'라는 너무도 단순한 이 질문에 전문가는 알기 쉽게 설명하지 못하고 쩔쩔맸다. 질문한 아이한테 "○○이는 X염색체와 Y염색체가 뭔지 알아요?" 하고 물어봤지만 다섯 살짜리가 그런 걸 알고 있을 리가 없다. 어떻게 설명해야 알아들을지 도무지 종잡을 수가 없었다. 대단한 전문가도 마지막에는 횡설수설했다. 전화 반대편에서 질문한 아이도 어찌할 바를 모르고 있는 것이 느껴졌다.

왠지 모르게 어색한 분위기로 전화를 끊으려는 순간, 참지 못하고 라디오 진행자가 이렇게 말했다.

"○○이는 남자 친구들끼리만 노는 거랑, 남자 친구랑 여자 친구랑 함께 노는 것 중에서 어떤 게 더 재미있어요?"

"남자아이랑 여자아이가 함께 노는 게 더 재미있어요."

"그렇지? 틀림없이 그래서 남자아이랑 여자아이가 있는 걸 거예요."

"아, 네."

아이는 밝은 목소리로 대답하고 전화를 끊었다.

나는 라디오 진행자의 대답에 깊이 감탄했다. 남자아이와 여자아이가 같이 있으면 재미있다. 이것이야말로 생물의 진화가 암컷과 수컷을 만들어낸 이유를 명확하게 말해준 것이기 때문이다.

암컷과 수컷의 탄생

그 옛날 지구에 탄생한 단세포생물은 암수의 구별 없이 단순히 세포분열로 번식할 뿐이었다. 지금도 단세포생물은 대부분 세포분열로 번식한다.

세포분열에 의한 번식은 아무리 여러 번 번식해도 원래의 개체와 똑같은 성질의 개체가 늘어나는 것뿐이다. 하지만 개체가 모두 같은 성질을 갖고 있으면 어쩌다 환경이 변했을 때 전멸해버릴 수도 있다.

한편 성질이 다른 개체가 여럿 있으면 환경이 변해도 어느 쪽인가는 살아남을 수 있다. 같은 성질의 개체가 늘어나는 것보다 성질이 다른 개체를 늘리는 것이 생물종이 살아남기에 유리하다. 그렇다면 어떻게 해야 자신과 다른 성질을 가진 자손을 늘릴 수 있을까?

자기 유전자만으로 자손을 만들면 자신과 같거나 닮은 성질을 가진 자손밖에 만들 수 없다. 자신과 다른 자손을 만들기 위해서는 타자한테서 유전자를 받는 것이 빠른 길이다. 다시 말해서, 유전자를 교환하면 된다.

그리고 기왕 수고해서 교환하는 것이라면 자신과 성질이 다른 상대의 유전자를 받고 싶을 것이다. 예를 들어 다양한 업종의 사람들이 모이는 교류회에 참가했어도 자신과 같은 업종 사람하고만 명함을 교환하면 인맥은 넓어지지 않는다. 그렇다면 업계별로 그룹을 만들어 비즈니스맨은 수트를 입고, 요리사는 조리복을 입고, 공사 관계자는 작업복을 입는 것으로 정한 다음 겉모습이 다른 사람을 골라서 명함을 교환한다면 어떨까? 그렇게 하면 틀림없이 다른 업종 사람과 만날 수 있다.

단세포생물인 짚신벌레는 보통은 세포분열을 해서 번식하는데, 그래서는 자기복제밖에 안 된다. 그래서 짚신벌레는 개체

둘이 접합해 서로 유전자를 교환한다. 이런 식으로 다음 세대의 유전자를 변화시키고 있다. 이때 짚신벌레에게는 유전자가 다른 그룹이 몇 개 있고, 서로 다른 유전자 간에만 접합해서 유전자를 교환한다는 사실이 밝혀졌다.

암컷과 수컷이라는 2개 그룹도 같은 짜임새다. 다양한 사람이 만나는 교류회가 새로운 세계를 만들어내는 것처럼, 암컷과 수컷이 유전자를 교환함으로써 성질이 다양해진 자손들이 태어난다. 이렇게 해서 다양성이 풍부해진다. 생물에게 있어 중요한 이 가치를 '재미있다'고 표현한 라디오 진행자는 정말 현명했다.

붉은 여왕 가설

아쉽게도 암컷과 수컷이 존재하는 이유는 아직 명확하게 밝혀지지 않았다. 암컷과 수컷이 만나야만 자손을 만들 수 있는 방법은 결코 효율성이 높다고 할 수 없다. 예를 들어 암컷과 수컷이 아니라 수컷 대신 모두 암컷만 존재한다고 하면 그것만으로도 태어나는 새끼 수가 2배가 된다. 그런데 왜 어려움을 각오하면서까지 성질이 다른 다양한 자손을 만들어야만 할까?

암컷과 수컷이 존재하는 이유에 대해서 지금도 몇 가지 가설이 나와 있다. 그중 하나가 '붉은 여왕 가설'이라고 불리는 것이다.

붉은 여왕은 루이스 캐럴의 소설 《이상한 나라의 앨리스》의 속편인 《거울 나라의 앨리스》에 등장하는 인물이다. 이야기 속에서 붉은 여왕은 앨리스에게 "같은 자리에 있고 싶으면 죽어라 뛰어야 한다"고 가르쳐준다. 이 말을 들은 앨리스도 붉은 여

왕과 함께 달리기 시작하지만 주변의 풍경은 전혀 바뀌지 않는다. 주위에 있는 것들도 전력으로 달리는 앨리스와 같은 속도로 움직이기 때문이다. 그래서 그 자리에 멈춰 있기 위해서는 있는 힘껏 계속 달려야 한다.

사실 생물의 진화는 이 이야기와 아주 비슷하다. 병균으로부터 몸을 지키기 위해서 동식물은 방어수단을 진화시킨다. 한편 병균은 방어수단을 깨뜨리고 감염시킬 방법을 진화시킨다. 동식물과 병균은 이미 긴 세월 동안 이런 싸움을 지속해왔다. 계속 진화하지 않으면 살아남을 수 없는 숙명. 이것이 바로 진화의 길을 계속 달리는 이유다.

병균은 갑자기 변이가 발생하기 쉽기 때문에 비교적 변화하기가 쉽다. 그래서 동식물도 병균에게서 몸을 지키려면 늘 방어법을 새롭게 바꿔야만 한다. 이때 암컷과 수컷이 있으면 다양한 자손을 신속하게 만들 수 있다. 다시 말해서 계속 변화하는 것이 가능하다. 이렇게 빠른 속도로 변화를 계속하기 위해서 암컷과 수컷이 있다고 주장하는 것이 '붉은 여왕 가설'이다.

이 가설이 맞는지 틀리는지는 이후 더 많은 연구를 기다려야만 한다. 하지만 생물이 이미 긴 세월 동안 한결같은 모습으로 끊임없이 달려 진화를 이루어왔다는 것은 틀림없는 사실이다.

남자는 여자를 위해서 존재한다

생물은 다양성을 높이기 위해서 암컷과 수컷이라는 시스템을 만들었다. 유전자 구도를 다시 짜면 생물은 계속 변화할 수 있다. 또 현세대보다 우수한 자손이 태어날 가능성도 높아진다. 이렇게 암컷과 수컷이 생겨남으로써 생물은 비약적으로 진화를 이룰 수 있었다.

하지만 반드시 수컷이 필요한가 하면 그렇지도 않다는 것이 수컷으로서 괴로운 부분이다. 예를 들어 짚신벌레는 암컷과 수컷의 구별이 없다. 그래서 개체 2마리가 접합해서 유전자를 교환하면 2마리 모두 분열해서 번식해나간다.

그러나 암컷과 수컷으로 나뉘어 있는 생물은 수컷이 새끼를 낳는 일은 없다. 자손을 늘릴 수 있는 것은 암컷뿐이다. 그러면 자손을 늘리지 못하는 수컷은 어떤 존재 가치가 있을까?

수컷은 정자라는 형태로 자신의 유전자를 암컷에게 보낸다. 그러면 암컷이 자신의 유전자를 지닌 난자에 정자의 유전자를 조합해서 자손을 만든다. 다시 말해, 수컷은 자손을 증식시키는 암컷이 유전자를 더욱 효율적으로 변화시키기 위한 도구에 불과하다. 안타깝지만 생물학적으로는 그저 그 정도의 존재일 뿐이다.

남자는 필요 없다?

암컷과 수컷이 유전자를 조합해서 새로운 자손을 만드는 '유성생식'은 환경의 변화에 대응할 수 있는 자손을 만들기 위해 중요한 방법이다. 하지만 그것은 진화의 역사를 긴 안목으로 봤을 때의 이야기다. 단기적으로 보면 암컷과 수컷이 자손을 만드는 방법은 비용과 위험을 동반한다.

우선 암컷과 수컷이 제대로 만날 수 있다는 보장이 없다. 더구나 파트너인 수컷이 열등하다면 다음 세대가 자신보다 더 열등해질 가능성도 있다. 애당초 모든 개체가 새끼를 낳을 수 있는 암컷이라면 번식의 효율은 2배가 된다.

그러고 보면 수컷의 도움 없이 암컷 혼자서 새끼를 만드는 생물도 드물지 않다. 그 예로 해충인 바퀴벌레는 암컷이 수컷과 교미하는 일 없이 계속 새끼를 낳을 수 있다. 배 속에서 계속해서 알을 만들고 알에서 부화한 유충을 연달아 낳는다. 이렇게 해서 바퀴벌레는 맹렬한 기세로 번식해나간다. 수컷과 만나서 교미하는 답답한 의식을 생략했기 때문에 그만큼 높은 효율로 번식할 수 있게 된 것이다.

곤충만이 아니라 물고기나 양서류, 파충류 중에도 암컷 혼자서 알을 낳는 것들이 있다. 붕어 낚시로 친숙한 금붕어도 사실 암컷 혼자서 자손을 남기는 물고기다. 금붕어는 대부분이 암컷이고, 암컷 혼자서 알을 낳는다. 실제로 그것만으로는 부화할 수 없지만, 미꾸라지나 잉어 같은 다른 물고기의 정자가 있으면 그 자극으로 알이 발육해 새끼가 태어난다. 다른 물고기의 도움이 필요하다고는 하지만 유전적으로는 암컷 혼자서 새끼를 낳는 셈이다.

혹은 수컷과 만나기가 힘들어서 번식할 암컷의 몸에 수컷의 기능까지 합쳐서 갖고 있는 생물도 있다. 예를 들어 달팽이나 지렁이는 하나의 몸에 암컷 부분과 수컷 부분을 동시에 가진 자웅동체다. 달팽이나 지렁이는 이동 범위가 좁아 암컷과 수컷이 만날 기회가 적다. 그래서 어쩌다 만난 개체의 성별에 관계없이 무조건 교미해서 자손을 남길 수 있도록 되어 있다.

그런 만남조차 귀찮은 조개 종류 중에는 자신의 난자에 스스로 정자를 방출해 수정시키는 것도 있다고 한다. 또 물고기 중에도 난소와 정소를 함께 갖고 있어서 자기가 낳은 알에 스스로 정자를 뿌려서 새끼를 남기는 것도 있다고 한다. 세상에는 남자와 여자가 있지만 생물의 수컷이라는 것이 반드시 필요한 존재는 아니다.

수컷의 역할

사실 "수컷은 왜 존재하는가?" 하는 너무나 소박한 질문에 확실한 답은 아쉽게도 나오지 않았다. 그래도 세상에는 수컷이 존재한다. 분명히 수컷은 확실한 존재 가치를 갖고 있을 터다. 적어도 남성 여러분은 그렇게 생각할 수밖에 없지 않은가?

자기증식은 생물의 큰 특징이다. 이를 위해 생물의 기본적인 구조는 암컷이다. "남자와 여자의 차이"라고 하면서 곧잘 남성을 기본으로 놓고 여성은 이런저런 부분이 다르다는 식으로 표현하지만, 생물학적으로는 여성을 기본으로 놓고 남성이 어떻게 다른지를 기술해야만 한다.

그런데 생물 세계에서는 암컷과 수컷이 우리 인간이 생각하는 것만큼 그렇게 엄격하게 나뉘어 있지 않다. 예를 들어 물고기 중에는 태어났을 때는 수컷이지만 자라면 아무렇지 않게 암컷으로 성전환하는 것이 있다. 젊은이는 모두 남성이고 어느 연령대를 넘으면 모두 여성이 된다는 것은 인간 세상에서는 생각할 수도 없는 일이지만, 물고기 세계에서는 그리 드문 일이 아니다.

또 악어나 거북, 도마뱀 같은 파충류는 알이 놓인 환경의 온도로 자웅이 결정되는 것도 많다. 악어는 중온에서는 수컷이 되지만 그보다 높은 온도나 낮은 온도에서는 암컷이 된다. 또 거북 중에는 저온에서는 수컷이 되고 고온에서는 암컷이 되는 것이나, 악어처럼 중온에서는 수컷이 되고 저온이나 고온에서는 암컷이 되는 것이 있다. 암컷과 수컷의 차이란 겨우 그 정도일 뿐이다.

포유류의 경우 암컷과 수컷은 유전적인 차이가 있다. 예를 들어 인간이라면 남자는 XY 조합의 염색체를 갖고 여자는 XX 조합의 염색체를 갖는다. 단, X염색체는 성별과는 거의 상관이 없는 염색체다. 그런 반면 Y염색체는 수컷을 만드는 염색체다. Y염색체는 정소를 만드는 역할을 한다.

사실 암컷과 수컷의 유전적인 차이는 '난소와 정소 중 무엇을 갖고 있는가' 하는 약간의 차이밖에 없다. 그래서 난소나 정소 같은 생식기관에서 분비되는 성호르몬에 따라 암컷과 수컷의 차이가 형성된다. 예를 들어 쥐를 이용한 실험에서는 암컷 쥐에게 남성호르몬을 투여하면 수컷으로 행동하게 된다. 한편 수컷 쥐에게서 남성호르몬을 분비하는 정소를 제거하면 암컷으로 행동하게 된다.

다시 말해, 아무것도 없으면 암컷이 된다. 여기에 남성호르몬이 추가로 작용함으로써 수컷이 만들어진다. 애초에 유전적으로 남자로 정해졌다고 으스대봐야 소용없는 일이고, 그저 암컷에게 Y염색체가 더해진 것이 수컷이라는 이야기다.

암컷과 수컷은 어느 쪽이 큰가?

인간 세상에서는 평균적으로 남성 쪽이 여성보다 키가 크고 체격도 크다. 그렇다면 생물계를 둘러보았을 때 암컷과 수컷은 어느 쪽이 더 클까?

일본에서는 아내가 크고 남편이 작은 부부를 속어로 '벼룩 부부'라고 부른다. 이 말처럼 벼룩은 수컷이 더 작다. 사실 생물계를 둘러보면 벼룩처럼 암컷이 큰 쪽이 더 많다. 특히 곤충 같은 무척추동물은 암컷의 몸이 큰 것이 일반적이다. 암컷은 몸이 커야 알을 많이 낳을 수 있다. 그래서 암컷 쪽이 더 크다.

아니, 암컷이 크다는 표현은 너무 수컷 중심의 표현이다. 생물계에서는 암컷이 자손을 만들고 수컷은 암컷을 위해서 존재한다. 암컷이 본래 생물의 모습일 테니 "수컷이 작다"고 말해야 한다.

수컷은 자손을 낳을 수 없다. 단지 정자만 만들면 된다. 그래서 수컷은 커질 필요가 없다. 바꿔 말하면, 수컷의 기능을 다하면 될 뿐 수컷은 커질 필요가 없다.

가을이 되면 볼 수 있는 무당거미는 사람의 눈에 띄는 것은 대부분 암컷이다. 선명한 노랑과 검정 줄무늬의 암컷은 외양도 그야말로 무당거미답다. 반면 수컷의 크기는 암컷의 3분의 1에도 미치지 못해 마치 새끼 같다.

암컷은 알을 낳기 위해서 큰 몸이 필요하다. 하지만 교미만 할 뿐이라면 수컷은 작은 몸으로도 충분하다. 그 차이가 가장 현저한 것은 아귀일 것이다. 심해에 사는 아귀 중 하나인 트리플워트 씨데빌(Triplewart seadevil)은 암컷에 비하면 수컷이 너무나 작다. 암컷은 몸길이가 40센티미터까지 성장하는 데 비해 수컷은 겨우 4센티미터밖에 되지 않는다. 그리고 수컷은 암컷의 몸에 달라붙어 영양분을 받아먹으며 산다. 마치 기생충 같은 존재다.

그러다 어느새 수컷은 시력도 잃고 헤엄치기 위한 지느러미도 없어져버린다. 그리고 암컷의 몸에 동화되면서 정소만이 이상적으로 발달하게 된다. 암컷에게 필요한 것은 정소뿐이라는 의미일 것이다.

이렇게 되면 수컷은 정자를 만들어내기 위한 도구에 지나지 않는다. 그리고 마침내 정자를 방출한 수컷은 결국 암컷의 몸에 흡수되어 사라져버린다. 너무 비참하다고 생각하지 말지어다. 수컷은 암컷에게 정자를 주기 위해서 존재한다. 그렇게 생각하면 그 기능을 특화시킨 아귀의 수컷이야말로 남자 중의 남자라고 말할 수 있을 것이다.

수컷이 더 큰 생물

확실히 생물계에는 암컷이 큰 것이 많다. 하지만 문득 그렇지 않은 사례가 떠오르는 분도 있을 것이다. 한 예로 아이들에게 인기 있는 장수풍뎅이는 수컷이 더 크다. 수컷은 뿔이 있고 체격이 멋진 데 비해 암컷은 뿔도 없고 몸집도 작다. 그래서 애완동물 가게에서도 수컷이 더 비싼 가격으로 팔리는 것은 아닐까?

장수풍뎅이 수컷은 암컷을 둘러싸고 격렬하게 싸운다. 그래서 수컷이 몸이 크고 힘이 세지게 되었다. 장수풍뎅이 수컷은 먹이통을 독점하지만 암컷은 몸이 크지 않아도 수컷의 먹이통에서 먹이를 먹을 수 있다. 그러다 사슴벌레 같은 다른 곤충이 다가오면 수컷이 쫓아버린다. 이렇게 수컷은 암컷을 지키기 위해서 몸집을 키운 것이다.

작은 수컷도 큰 수컷도 나름의 전략적인 이유가 있다. 이를 잘 확인할 수 있는 것이 물고기다. 물고기는 나이를 먹으면 먹을수록 몸이 커진다. 이때 앞에서 말한 것처럼 작을 때는 수컷이었다가 몸이 커지면 암컷이 되는 종류가 있다. 많은 알을 낳기 위해서는 아주 많은 에너지가 필요하다. 그래서 암컷은 몸을 키울 필요가 있다. 한편 정자만 만들면 될 뿐이라면 약간의 에너지만 있어도 된다. 그래서 몸이 작은 개체가 수컷이 되는 것이 합리적이다.

그러나 반대로 작은 개체가 암컷이고 크게 성장하면 수컷이 되는 종류도 있다. 암컷에게 수컷은 정자를 공급해주는 존재인 동시에 자신을 지켜주는 존재이기도 하다. 그래서 몸집이 커진 암컷이 수컷이 되어 암컷을 지키는 역할을 하게 된 것이다. 수컷은 1마리만 있으면 여러 암컷에게 정자를 공급할 수 있으므로 알을 낳을 수 없는 쓸모없는 존재는 1마리로 충분하다. 그래서 가장 큰 암컷 1마리만이 수컷으로 변해 수컷의 역할을 하게 된다.

산호초에 사는 파라고비오돈(Paragobiodon)은 더욱 자유자재다. 파라고비오돈은 작을 때는 암컷이고 커지면 수컷이 된다. 그러나 짝짓기에서 우연히 수컷끼리 만나면 더 큰 쪽이 암컷이 된다. 반대로 암컷끼리 만나면 작은 쪽이 수컷이 된다. 이렇게 정말 전략적으로 수컷이라는 선택지를 이용하고 있다.

큰 수컷이 훌륭한가?

인간을 포함한 포유류는 수컷이 큰 경우가 더 많다. 우리 포유류에게 있어 남성다움이란 체격이 크고 힘이 센 것이다. 수컷은 강하고 암컷은 약하다. 생물의 진화 면에서 보면 수컷이 암컷을 위해 존재하지만, 포유류는 수컷 쪽이 암컷보다 우위에 있는 것처럼 보인다. 그러면 실제로는 어떨까?

포유류는 힘이 센 수컷이 리더가 되고 암컷은 이에 따른다. 또 수컷은 격렬하게 싸워 암컷을 빼앗는다. 힘이 센 수컷이 암컷을 자신의 것으로 차지하는 것이다. 암컷의 마음과는 상관없이 수컷이 암컷을 빼앗으려고 싸우는 모습은 수컷이 지나치게 제멋대로인 것처럼 보인다. 하지만 잘 생각해보면 사실 이것은 암컷에게 편리한 시스템이기도 하다.

암컷은 좋은 자손을 남기기 위해 우수한 짝을 찾아야만 한다. 그런데 어떤 수컷이 우수한지 가려내는 것은 간단한 일이 아니다. 수컷끼리 경쟁하고 싸워주면 어떤 수컷이 우수한지 고

생하지 않고 가려낼 수 있다. 다시 말해서 암컷이 찾아야 하는 우수한 파트너가 자동적으로 골라지는 시스템이다.

또한 몸이 큰 수컷에게는 암컷을 지킬 의무가 있다. 몸이 크고 힘이 센 수컷은 암컷을 위해 먹이를 확보하고 천적으로부터 암컷을 지킨다. 동시에 열등한 수컷이 암컷과 교미해 열등한 유전자를 전달하는 것을 막는 것도 강한 수컷의 역할이다. 강한 수컷은 암컷에게 좋은 유전자를 주기 위해 경쟁하고 암컷을 지키기 위해 목숨을 걸고 싸운다.

이 모든 것은 암컷과 미래의 자손을 위한 것이다. 그리고 수컷은 암컷을 위해서 장기간에 걸쳐 대량의 정자를 지속적으로 만들어내야만 한다. 이런 시스템에서는 수컷이 암컷에 비해서 에너지 소모가 심하다고 말할 수 있다. 실제로 포유류는 암컷보다 수컷 쪽이 수명이 짧다. 이것은 인간도 마찬가지다. 인간도 일반적으로 여성이 남성보다 장수한다.

작은 수컷은 암컷에게 유전자를 주는 도구로 존재하고, 큰 수컷은 암컷을 지켜주기 위한 도구로 존재한다. 작은 수컷이든 큰 수컷이든 수컷에게는 운명적인 역할이 주어진다.

암컷이 수컷을 선택한다

아무리 잘난 척하며 허세를 부려봐도 생물학적으로 수컷은 암컷을 위해서 만들어졌다. 결국은 좋은 자손을 남기기 위해 암컷이 수컷을 선택하는 것이다. 포유동물은 수컷끼리 암컷을 둘러싸고 싸우고 암컷에게는 어떤 선택권도 없는 것처럼 보일지 모른다. 하지만 실제로는 암컷에게 어울리는 유전자를 가진 수컷이 승자로 선택당하는 것이므로 역시 선택권은 암컷에게 있다.

그렇다면 수컷에게는 전혀 선택권이 없을까? 물론 수컷에게도 선택할 권리가 있겠지만, 원래 선택권이 없는 수컷은 암컷을 그다지 가리지 않는다. 수컷이 유전자를 남기려면 암컷과 교미해서 정자를 암컷에게 준다. 한번 정자를 사용해버렸어도 바로 재생산해서 다음 암컷과 교미할 수 있다. 그래서 수컷은 암컷을 고르기보다는 어떤 암컷이든 가리지 않고 계속 암컷과 만나는 쪽이 더 유리하다.

한편 암컷은 그렇게 할 수 없다. 한번 수컷과 교미해 새끼를 얻으면 새끼를 낳고 육아가 끝날 때까지 다음 수컷과 교미할 수 없다. 자손을 남길 기회가 그리 많지 않으므로 신중하게 조사해서 파트너를 골라야만 한다.

그래서 수컷은 '수'로 승부하고, 암컷은 '질'로 승부한다는 번식 전략이 나온다. 전반적으로 생물의 수컷이 바람둥이인 것은 이런 이유 때문이다. 물론 그렇다고 해서 인간 수컷이 바람을 피워도 된다고 옹호하는 것은 아니다. 자손을 남기는 데 필요한 에너지는 암컷 쪽이 훨씬 크다. 그래서 암컷은 아무래도 아이를 소중하게 여긴다. 한편 수컷은 암컷을 위해서 에너지를 사용한다.

싸움의 규칙

우수한 유전자를 남기기 위해서 암컷은 강한 수컷을 고른다. 그리고 수컷은 힘을 과시하기 위해서 싸운다. 하지만 그 싸움이 지나치게 격렬하면 수컷끼리 상처를 입게 된다. 수컷은 천적에게서 암컷을 지켜야만 한다. 그런데 수컷이 심하게 다치면 그것은 서로에게 그다지 상책이 아니다.

그래서 생물계에서는 수컷이 피해를 입지 않고도 승패를 결정할 수 있을 만한 규칙이 만들어졌다. 키싱구라미(Kissing gourami)라는 물고기는 그 이름처럼 자주 키스를 하는 물고기다. 그런데 이 키스는 암컷과 수컷 사이의 애정 표현이 아니라 수컷끼리의 세력권 싸움이다. 격렬한 키스를 반복함으로써 서로 싸우는 것이다.

　세상에서 가장 큰 사슴인 말코손바닥사슴은 멋진 뿔을 갖고 있다. 너무 커서 무기로 쓰기에는 힘들 정도다. 사실 말코손바닥사슴의 세계에서는 뿔의 크기로 승패가 정해진다. 뿔이 크면 그것으로 이미 이긴 것이다. 뿔의 크기가 비슷한 경우에는 뿔을 살짝 맞대보는 정도의 행동은 해도 정말 싸우려 들지는 않는다.

　또 하마는 입을 크게 벌려서 입의 크기로 경쟁한다. 입이 작게 벌어진다고 해서 진짜로 힘이 약한 것은 아니다. 강제로 싸움을 걸 수도 있다. 하지만 규칙을 깨고 비겁하게 싸우면 수컷

끼리 상처 입고 생물종으로서 생존 자체가 위험해지는 결과를 낳는다. 그래서 인간의 눈으로 보기에는 참으로 평화적으로 싸우는 것이다. 생물의 수컷은 서로 격렬하게 싸우지만 죽일 때까지 싸우는 일은 적다. 누군가가 항복하거나 도망가면 승부가 끝난다.

이야기가 옆길로 새지만, 인간은 전쟁이라는 이름으로 서로 죽고 죽이는 싸움을 한다. 불행하다고 말해야 할까? 강대한 힘을 가진 인간은 이제 두려워할 천적이 없어졌다. 인간이 안심하고 서로에게 상처를 입히는 것은, 다쳐도 그 기회를 틈타 인간의 자리를 위협할 강대한 천적이 없기 때문은 아닐까?

역시 외모로 고른다

천적이 많은 조류는 서로에게 상처를 입히는 소모적인 싸움을 할 수 없다. 그래서 수컷 새는 아주 우아하고 아름다운 싸움으로 암컷을 획득한다. 그 방법은 깃털 색과 울음소리다.

새는 수컷이 화려한 색을 하고 있는 경우가 많다. 반면 수컷을 고르는 입장인 암컷은 수수한 색을 하고 있다. 수컷은 아름다운 깃털 색으로 암컷을 유혹한다. 또 새들은 서로 경쟁하며 지저귀는데, 이것은 수컷이 자신의 세력권을 주장하며 암컷을 부르는 것이다.

공작 수컷이 화려한 장식깃을 자랑하는 것도, 휘파람새 수컷이 아름다운 울음소리로 봄을 알리는 것도 암컷에게 맹렬하게 구애하는 모습이다. 또 종류에 따라서는 노래 대신 화려한 춤으로 암컷에게 구애하는 것도 있다. 이렇게 조류의 암컷은 겉으로 드러난 인상만으로 짝이 될 수컷을 고른다.

하지만 짝을 고를 때는 외모보다 내면이 더 중요하지 않을까? 아마 여성 여러분은 그런 생각을 할 것이다. 소중한 짝을 정하는데 정말 그런 식으로 외모만 보고 골라도 될까?

이 이유를 설명하는 것이 '핸디캡 이론'이다. 공작의 아름다운 깃털은 자연계에서 살아가는 데 아무런 쓸모가 없다. 눈에 띄는 모습은 오히려 천적에게 들키기 쉽고 너무 긴 깃털 때문에 움직이기도 힘들다. 거추장스럽기만 하다. 하지만 적에게 들키기 쉽고 먹이도 잡기 힘든 핸디캡을 가졌으면서도 이 험한 자연계에서 꿋꿋하게 살아가고 있다는 것은 그만큼 생존력이 강한 것이라고도 말할 수 있다. 수컷 새들은 이렇게 간접적으로 암컷에게 힘을 과시하고 있는 것으로 생각할 수 있다.

또한 깃털이 멋지고 아름답다는 것은 그만큼 병균이 침입하지 않았다는 증거이기도 하다. 예를 들어 유럽의 제비는 꽁지깃이 긴 수컷이 인기 있다고 한다. 이것은 긴 꽁지깃이 건강하고 강한 개체임을 증명하는 표시가 되기 때문이다. 실제로 기생충이 적은 수컷일수록 꽁지깃이 길다고 한다.

다만 일본의 제비는 유럽의 제비와 달리 수컷도 알을 품는 '육아남'이다. 꽁지깃이 길면 알을 품을 때 거추장스럽다. 그래서 일본의 제비는 꽁지깃이 아니라 목에 있는 빨간 부분의 크기나 꽁지깃에 있는 흰 반점이 암컷에게 선택되는 포인트로 보인다. 어쨌든 생물계에서 겉모습만으로 짝을 선택하는 것에도 확실한 이유가 있는 셈이다.

미남 미녀가 사랑받는 이유

인간의 이야기로 돌아오면, 인간의 여성도 남성을 선택한다. 일본에서는 과거 '삼고'의 남성이 인기였다. 삼고란 바로 고신장, 고학력, 고수입을 말한다. 육체적으로 뛰어나거나 머리가 좋거나 사회적인 지위가 높다면 우수한 유전자를 갖고 있을 가능성이 높다고 생각되는 것이다.

과거에는 삼고인 남자를 찾았다면 최근에는 '삼저'인 남자가 인기라고 한다. 삼저란 저자세, 저의존, 저위험을 말한다. 경쟁 사회에서는 우수한 남자가 성공할 확률이 높다. 하지만 불안정한 현대사회에서는 경쟁에 강한 남자가 반드시 성공한다는 보장이 없다. 그것보다는 안정된 남자가 가정을 지키고 육아를 하고 자손을 남기는 데 유리하다. 어쩌면 여성이 민감하게 환경을 간파해 생각이 이렇게 변했을지도 모른다. 정말 이러한 변화는 생물학적으로 봤을 때도 합리적이다.

또한 누구나 이성에 대해 각자 취향이 있지만 굳이 어느 쪽이냐고 물으면 아름다운 이성을 좋아하는 경향이 있다.

이렇게 되는 이유는 명확하지 않다. 하지만 일설에 의하면, 평균적인 얼굴이 아름다운 얼굴이라고 한다. 다른 사람과 너무 동떨어진 극단적인 특징을 갖고 있는 것보다 평균적인 특징을 갖고 있는 쪽이 무리 안에서 살아남을 가능성이 높다. 그래서 평균적인 얼굴을 아름답다고 인식하고 좋아하는 것인지도 모른다.

게다가 눈, 코, 입 같은 얼굴 구성요소의 위치가 가지런하고 비대칭이 아니라는 것은 유전적인 결함이 없다는 것을 나타낸다. 또 피부가 깨끗하다는 것은 병균에 강하다는 것을 드러낸다고 여겨진다. 실로 인간의 취향도 깃털이 아름답고 꽁지깃이

긴 개체를 고르는 새들과 그다지 다르지 않을지도 모른다.

남성이 여성의 몸매에 관심을 갖는 이유

여성이 '삼고'나 '삼저'로 남성을 가려서 고르듯이 남성도 여성을 가린다. 여성들은 보통 다이어트에 열심이지만 일반적으로 남성은 여성이 생각하는 것보다 포동포동한 여성을 좋아한다고 한다. 이것을 생물학적인 시선으로 보면, 무사히 아이를 낳고 젖을 먹이기 위해서는 너무 마른 것보다 에너지원으로 적당한 지방이 필요하기 때문이라고 생각할 수 있다.

또한 일반적으로 남성은 여성의 몸매에 흥미를 갖는다. 전형적인 남성의 취향은 풍만한 가슴, 쏙 들어간 허리, 큰 엉덩이다. 그러나 이런 천박하게 느껴지는 취향도 생물학적으로 보면 자손을 확실하게 남기고자 하는 합리적인 이유가 있다.

엉덩이가 크다는 것은 골반이 튼튼해서 아이를 낳을 능력이 높다는 것을 드러낸다. 인류는 직립보행을 하게 되면서 산도가 좁아져서 다른 동물에 비해 출산이 힘들어졌다. 출산이 힘든 인간 여성에게 엉덩이가 크다는 것은 무사히 아이를 낳기에 유리한 조건이다.

그리고 풍만한 가슴은 출산과 육아에 필요한 지방의 존재를 증명한다. 또한 동물학자인 데즈먼드 모리스는 베스트셀러《털 없는 원숭이》에서 "인간 여성은 직립보행을 하게 되면서 보이지 않게 된 엉덩이를 대신해 가슴을 발달시켜 성적으로 어필하게 되었다"고 주장한다.

　　이처럼 지방은 자손을 남길 능력이 높다는 증거이긴 하지만, 일반적으로는 너무 살진 여성도 좋아하지 않는다. 만약 인간 남성이 자손을 남기기 위한 수컷의 시선으로 여성을 보고 있다면 살진 여성은 이미 임신하고 있을 가능성이 있기 때문이다. 남성이 여성에게 끌리는 것은 끝까지 파고들면 결국 자손을 남기고 싶은 것에 지나지 않는다. 따라서 자연스럽게 임신한 여성에게는 관심을 보이지 않게 된다.

2

수명은 전략이다

생물이 사는 목적

지구상에는 파악된 것만 200만 종도 넘는 생물종이 존재하고 있다. 그 모든 생물이 사는 목적은 명확하다. 다음 세대에 자손을 남기는 것이다. 세대가 거듭되고 생명의 릴레이는 끝없이 이어진다. 그리고 그 릴레이 바통인 유전자가 다음 세대로 계승된다. 생물의 몸이, 시간을 넘어서 유전자를 다음 세대로 전하기 위한 '유전자의 탈것'이라고 불리는 것은 이 때문이다.

"생명의 릴레이는 무엇을 위해서인가?" 하고 묻는다면 그 이유는 명확하지 않다. 하지만 한번 구르기 시작한 눈덩이가 속도를 내며 점점 커지는 것처럼 생물은 생명을 이어가기 위해 진화를 이루고 있다. 이 생명의 릴레이를 이어가는 것이 모든 생물이 살아가는 목적이다.

인간은 머리가 좋기 때문에 여러 가지로 '사는 목적'을 찾아 고민한다. 하지만 대부분의 생물에게 이런 고민은 없다. 자신이 살아가고 자손을 남긴다, 이렇게 생명을 이어나간다 하는 것이 바로 삶의 목적이다. 만물의 영장이라고 불리는 인간에게는 어쩌면 완수해야만 하는 임무가 있을지도 모른다. 하지만 많은 생물에게는 '지금, 여기, 살아 있다'는 것만으로 목적은 충분하다.

새끼를 낳기 위한 죽음의 여행

생물이 사는 목적은 자손을 남기는 것이다. 극단적으로 말하면, 자손을 남길 수 없다면 살아 있을 이유가 없다.

물론 그것뿐인 인생이라면 너무 서글프다. 사람이 사는 이유는 그것만은 아닐 것이다. "인생의 목적을 발견하는 것이야말로 인생의 목적"이라는 말이 있을 정도다. 하지만 생물학적으로는 틀림없이 생물은 자손을 남기기 위해서 산다. 그 증거로,

자손을 남긴 후 마치 살아갈 목적을 이제 달성했다는 듯이 생애를 마감하는 생물이 많다.

잘 알려져 있듯이 연어는 알을 낳기 위해 태어난 고향인 강으로 돌아간다. 이는 생명을 걸고 떠나는 험난한 여행이다. 급류를 타넘고 먹이를 노리는 곰의 발톱을 피해 오직 강의 상류를 향해 올라간다. 강의 상류에 도착하면 연어들은 상처투성이가 된다. 그리고 연어 암컷은 마지막 힘을 쥐어짜내어 알을 낳는다. 연어 수컷도 마지막 힘을 다 짜내어 정자를 뿌린다. 수정

알을 낳았으니 이제 죽어도 여한이 없구나…

란을 남긴 연어들은 힘이 다 소진되어 조용히 생을 마감한다.

만약 바다에 그냥 남아 있었다면 좀더 편안한 삶을 살았을지도 모른다. 그러나 연어들은 자손을 남기고 생명의 바통을 잇기 위해서 먹이도 먹지 않은 채 자신의 목숨을 걸고 고향인 강을 향해 올라간다. 정말 죽음의 여행을 떠나는 셈이다.

그런데 알을 남김과 동시에 딱 맞춰 죽을까? 혹시 힘이 남아 있어 살아남는 것은 없을까? 사실 연어들은 알을 남기면 저절로 죽게끔 프로그래밍되어 있다. 산란과 동시에 죽음의 프로그램이 발동해 성호르몬의 분비가 정지된다. 그리고 죽어간다. 만약 부모가 살아남아 있으면 새끼들과 먹이를 두고 경쟁해야만 한다. 그래서 새끼들에게 방해가 되지 않도록 조용히 물러나는 것이다.

매미 또한 짧은 여름을 구가하고 죽는다. 아직은 겨울이 되기에는 이르다. 늦더위도 있다. 살고자 하면 더 살 수 있을지 모른다. 하지만 알을 남기면 목적을 다 한 매미들은 스스로 생명의 막을 내린다.

육아를 하기 위해 연장된 수명

세대가 교체되면 새끼와 먹이를 놓고 경쟁해야 하는 부모는 오히려 불필요한 존재다. 그래서 부모 세대는 빨리 물러날 필요가 있다. 하지만 새끼를 기르고 보호해야 한다면 이야기가 달라진다. 새끼를 남기기만 하고 그냥 죽어서는 안 된다. 그래서 육아를 하는 생물은 새끼를 남긴 후에도 육아를 위해 수명이 연장된다.

문어는 바위굴 천장에 알을 낳은 다음 바깥의 적에게서 알을 지킨다. 그러면서 신선한 물을 뿌려주고 곰팡이가 슬지 않도록 알 표면의 청결을 유지하는 등 열심히 보살핀다. 그사이 문어는 먹이도 배불리 먹지 못하고 오직 알만 돌본다. 그리고 1달 정도 지나 알에서 새끼 문어들이 부화하면 이를 끝까지 지켜본 어미 문어는 조용히 숨을 거둔다.

이 죽음도 문어 자신이 일으키는 것이다. 문어에게는 '죽음의 샘'이라고 불리는 분비샘이 있다. 알을 다 낳으면 분비샘에서 죽음을 맞이하기 위한 분비물이 나온다. 실제로 이 분비샘을 제거하면 암컷 문어는 장수한다고 한다. 육아를 하는 생물은 새끼를 기르기 위해 육아를 하지 않는 생물보다 한층 더 긴 수명을 받은 것이라고 말할 수 있는 셈이다.

프로그램되어 있는 죽음

'노화'와 '죽음'은 생물 자신이 만들어낸 전략이다. 우리가 나이를 먹으면 몸 이곳저곳이 덜컹거리기 시작한다. 하지만 자동차나 가전제품이 낡듯이 우리 몸이 낡아 버리는 것은 아니다.

우리 몸은 항상 세포분열을 해 새로운 세포를 만들어내고 있다. 오래된 세포는 사멸해 때로 벗겨져 나가고 그 안쪽에서 늘 새로운 세포가 생겨난다. 이러한 신진대사에 따라 우리의 세포는 3개월이 지나면 모두 새롭게 교체된다. 다시 말해서 아무리 나이를 먹는다고 해도 피부와 내장은 갓 태어난 신생아처럼 갓 태어난 세포로 만들어져 있다.

하지만 실제로는 우리 어른의 피부는 싱싱하지 않고 내장의 기능도 점점 약해진다. 그것은 우리 세포 스스로가 노화하고 죽는 것을 선택했기 때문이다.

원시적인 단세포생물은 세포분열을 하면서 몇억 년도 넘게 생명을 이어왔다. 세포가 분열한다고 해서 무조건 피폐해지는 것이 아니다. 하지만 우리의 세포는 다르다. 우리 세포에는 스스로 죽기 위한 프로그램이 짜넣어져 있다. 몸의 세포수를 일정하게 유지하기 위해서 어느 정도 세포분열을 하면 사멸하게 되어 있다. 이러한 세포사를 아포토시스(Apoptosis, 프로그램된 죽음)

라고 부른다.

그리고 짝짓기와 관련된 세포 또한 생명의 릴레이가 이루어
지면 다음 세대에 장애가 되지 않게 생명을 다하도록 프로그래
밍되어 있다.

수명이라는 시스템

모든 생물에게는 수명이 있다. 식물 중에는 아주 오래 사는
것이 있다. 조몬삼나무 같은 거목은 수령이 수천 년이 넘는 것
도 있다.

한편 식물 중에는 1년 이내로 시들어버리는 일년초도 있다.
사실 일년초는 진화 과정에서는 비교적 새롭게 출현한 식물이
다. 신기하게도 1년 이내로 시들게 진화한 것이다. 왜 일부러 짧
은 생명으로 진화했을까?

모든 생물은 살기 위해서 열심히 먹이를 찾고, 천적을 피해
필사적으로 자신을 지킨다. 지렁이나 물벼룩조차도 위험에서
도망쳐 살아남으려고 한다. 죽고 싶어하는 생물은 없다. 오히
려 가능하면 조금이라도 오래 살고 싶어한다.

그런데 그 소원과는 반대로 모든 생명은 반드시 죽음을 맞이

한다. 그리고 그 죽음은 생물 자신이 선택해 만들어낸 것이다. 더 나아가서 이상하게도 일부러 짧은 생명으로 진화해가는 것 같은 생물조차 있다.

왜 생물에게는 수명이 있을까? 그리고 왜 몇천 년 넘게 살 수 있는 식물이 짧은 생명으로 진화했을까?

생명의 반짝임을 위해서

"형태가 있는 것은 언젠가는 사라진다"는 말이 있듯이, 세상에 영원히 존재할 수 있는 것은 없다. 수천 년을 넘어 계속 살아간다면 그 시간 동안 수많은 장애가 발생할 것이다. 병균이 침투할 수도 있고 사고를 당할 수도 있다. 만약 수명이란 것이 없고 목숨이 영원하다고 해도 실제로 그 영원한 시간을 살아간다는 것은 간단한 일이 아니다.

그래서 생명은 영원히 지속하기 위해 오히려 자신을 파괴하고 다시 새롭게 만들어내는 방법을 생각해냈다. 다시 말해 하나의 생명은 일정 기간을 살다 죽지만 그 대신 새로운 생명을 잉태하는 것이다. '죽음'을 발명함으로써 생명은 세대를 넘어 릴레이를 이어가면서 영원히 존재할 수 있게 되었다.

모든 생명에는 역할이 있다. 그 천명을 다하기 위해서 생명은 살아나간다. 그러나 한편으로 그 역할을 확실하게 해내기 위해서 생명이 유한해졌다. 이렇게 바꿔서 말하면 어떨까? 생명의 반짝임을 지키기 위해서 생명은 유한한 삶이라는 가치를 발견했다고. 그리고 반짝임을 내던진 생명은 새로운 반짝임을 다음 세대의 자식들에게 맡기고 사라진다.

3

생물에게 육아란 무엇인가?

육아의 진화

육아를 하는 생물은 사실 그렇게 많지 않다. 생물은 대부분 알이나 새끼를 낳으면 그냥 방치할 뿐 따로 보살피지 않는다. 그러나 생물은 진화 과정에서 '육아'라는 능력을 획득하게 되었다. 생물의 진화를 육아의 진화라는 관점에서 살펴보자.

척추동물 중에서 지구상에 최초로 출현한 어류는 일부 특수한 종류를 빼면 육아를 하지 않는다. 그저 많은 알을 낳고 그 상태대로 그냥 둘 뿐이다. 모진 자연환경에서 낳아둔 알이 무사히 자랄 가능성은 얼마 되지 않는다. 이 때문에 어류는 알을 많이 낳아야만 한다.

수족관에서 인기가 높은 개복치는 정말로 3억 개 이상의 알을 낳는다고 알려져 있다. 암컷 1마리가 일본 인구 배 이상의 알을 낳는 것이다. 이 알이 모두 어른 물고기가 된다면 세계의 바다가 개복치로 꽉 차겠지만 실제로는 그런 걱정을 할 필요가 없다. 암컷과 수컷 2마리의 개복치에서 태어난 알은 마지막에는 2마리 정도밖에 남지 않는다. 이것이 자연의 섭리다. 실로 생존율이 1억 5,000만 분의 1. 무사히 성장해서 어른 개복치가 될 확률은 복권 1등에 당첨될 확률인 1,000만 분의 1보다도 훨씬 낮다.

이 이야기로 수족관에 있는 어른 개복치가 얼마나 억센 운을 타고났는지 알게 되었을 것이다. 거꾸로 개복치가 만약 3억 개보다 적은 수의 알을 낳았다고 하면 개복치 수는 감소했을 것이다. 육아를 하지 않은 결과는 이토록 가혹하다.

어류에서 육지로 올라와 진화를 이루었다고 알려진 양서류도 비슷하다. 알을 그냥 낳은 대로 둔다. 그렇다면 양서류에서 진화했다고 알려진 파충류는 어떨까? 양서류가 물가에 알을 낳는 것과 달리 파충류는 건조한 땅 위에 알을 낳는다. 말라 죽지 않도록 단단한 껍질이 있는 알을 낳으며, 보온을 위해 흙 속에 알을 낳는다.

하지만 일부를 제외하면 파충류 부모가 자기 새끼에게 해주는 일은 여기까지다. 흙 속에 숨겨진 알은 자력으로 부화를 이루고 모진 자연계에서 살아남아야만 한다.

그렇다면 조류는 어떨까? 새는 둥지를 만들어 알을 품고 부화시킨 다음 부모가 새끼에게 부지런히 먹이를 날라다 준다. 조류는 대부분 육아를 하고 있다. 왜 파충류는 육아를 하지 않는데 같은 알을 낳는 조류는 육아를 하게 되었을까? 도대체 무슨 일이 있었을까?

맨 처음 육아를 한 생물

많지는 않지만 지금도 어류나 양서류, 파충류 중에 육아와 비슷한 행동을 하는 종류가 있다. 그래서 진화 과정에서 최초로 육아를 한 생물이 무엇인지는 명확하지 않다. 하지만 어류, 양서류, 파충류 중에서 육아를 하는 종류는 드물다. 그에 반해 왜 조류는 대부분 육아를 하게 되었을까?

어류에서 양서류로 진화하고 양서류에서 파충류로 진화했다. 그리고 파충류에서 조류로 진화했다고 생각하기 쉽지만,

실제로는 파충류에서 바로 조류로 진화한 것이 아니다. 사실은 조류보다 앞 단계에서 파충류로부터 진화를 이룬 생물이 있다. 그것이 바로 공룡이다.

공룡은 도마뱀이나 악어 같은 파충류와 같은 종이 아니다. 파충류보다 훨씬 진화를 이룬 생물이다. 파충류는 바깥 기온에 따라 체온이 변하는 변온동물이지만 공룡은 바깥 기온에 상관없이 체온을 일정하게 유지하는 항온동물이었다는 설이 있다. 또 무리를 만들고 계절에 따라 서식지를 바꾸는 이동생활을 했다. 다시 말해서, 어느 쪽이냐 하면 파충류보다는 현재 조류에 아주 가까운 성질을 갖고 있었다고 여겨진다.

즉 파충류에서 공룡으로 진화하고, 공룡에서 조류로 진화했다. 그리고 공룡이 멸종되고, 공룡의 선조인 파충류와 공룡의 자손인 조류가 살아남은 것이다.

그렇다면 공룡은 육아를 했을까? 지금까지의 연구결과를 보면 공룡은 육아를 한 것 같다. 마이아사우라(Maiasaura)는 가장 처음으로 육아를 했을 가능성이 제기된 공룡이다. 마이아사우라는 '착한 어미 도마뱀'이라는 뜻이다. 둥지 안에 있는 새끼의 화석에서 이빨이 닳아 작아진 것으로 보아 새끼의 이빨이 닳을 정도로 부모가 열심히 먹이를 날라다 준 것이 아닌가 추정한

다. 이후의 여러 연구를 통해 많은 공룡이 육아를 했다고 생각
할 만한 증거들이 나왔다.

포유듀의 육아

과학 교과서에는 척추동물의 진화가 어류, 양서류, 파충류,
조류, 포유류의 순서로 쓰여 있지만, 조류가 진화해서 포유류
가 된 것이 아니다. 포유류 또한 공룡에서 진화한 생물이다. 실
제로 포유류의 선조는 조류보다도 빠른 시기에 지구상에 출현
했다.

하지만 현재의 포유류는 공룡이나 조류에 비해서 극적인 변
화를 이루었다. 그것은 알이 아닌 새끼를 낳는 것이다. 포유류
의 큰 특징은 태반이 있고 임신해서 어느 정도 크기까지 배 속
에서 새끼를 키우는 것, 갓 태어난 새끼에게 영양가 높은 젖을
먹여 기르는 것 등이다.

알을 낳아 그대로 방치하는 것과 비교했을 때 어느 정도 크
기가 될 때까지 어미의 배 속에서 보호하는 방법은 생존율을
비약적으로 높일 수 있다. 초식동물은 태내에서 태아를 보호하
는 임신기간이 길어서 크게 자란 새끼를 낳는다. 태어난 지 얼

마 안된 새끼 사슴이 바로 일어서서 걷기 시작하는 것을 보면 놀랍다. 게다가 태어난 새끼에게는 영양분이 풍부한 모유를 준다. 이렇게 새끼를 보호하도록 진화한 것이 포유류라고 불리는 그룹이다.

육아는 강자의 특권

어류나 파충류는 알을 낳는 것이 일반적이지만 그중에는 알이 아니라 포유류처럼 새끼를 낳는 것이 있다. 단, 이 경우는 태반에서 태아를 키우는 것이 아니라 체내에서 알을 부화시킨 다음 그 부화한 새끼를 낳는다. 본래는 알을 낳는 생물이면서 흡사 포유류처럼 새끼를 낳는 이 출산법을 '난태생'이라고 한다.

난태생으로 새끼를 낳는 생물로는 상어와 살모사가 있다. 사실 난태생은 상어나 살모사같이 강한 생물한테서만 볼 수 있는 성질이다. 아무리 부모의 몸속에서 보호한다고 해도 부모가 힘이 약해 천적에게 먹혀버리면 밑천까지 까먹는 것이나 마찬가지다. 그래서 천적이 적은 상어나 살모사 정도가 아니면 난태생을 선택할 수 없다.

그렇게 생각하면 어미가 몸속에서 태아를 보호하는 포유류는 강한 생물이라고 말할 수 있다. 물론 포유류에게도 천적은 있다. 하지만 임신해서 태아를 품고도 천적이 나타나면 도망가거나 숨어서 자신을 지킬 능력이 있다. 그래서 태아는 안심하고 어미의 몸속에서 자랄 수 있다.

곤충의 육아

어류나 파충류뿐만이 아니다. 사실 곤충 같은 무척추동물 중에도 육아를 하는 생물이 있다. 늑대거미는 새끼 거미를 등에 업고 다니며 지킨다. 또 전갈이나 집게벌레, 물장군 역시 육아를 하는 곤충으로 알려져 있다.

강력한 독침을 가진 전갈은 천적이 적은 생물이다. 집게벌레도 집게를 흔들어 올리며 적을 위협한다. 물장군은 논 속의 갱단이라고 불릴 정도로 올챙이나 작은 물고기를 잡아먹는 육식성 곤충이다. 곤충 중에서 육아를 하는 전갈, 집게벌레, 물장군의 공통점은 이들이 힘이 세고 강해서 천적이 적은 생물이라는 것이다.

부모가 새끼를 보호하면 새끼의 생존율은 비약적으로 높아진다. 그래서 사실 많은 생물이 육아를 하고 싶어한다. 하지만 천적이 많고 힘이 약한 생물은 새끼를 지킬 수 없다. 새끼를 지키려고 하다가 부모가 천적에게 잡아먹혀 버리면 새끼들도 함께 먹힌다. 그래서 새끼를 보호하는 것을 포기하고 그저 낳은 채로 두는 수밖에 없다. 새끼를 키우는 것은 새끼를 지킬 수 있는 강한 생물에게만 주어지는 특권인 셈이다.

강한 수컷만이 육아를 할 수 있다

수컷의 육아에 관해서도 같은 말을 할 수 있다. 포유동물은 육아를 하지만, 육아를 하는 것은 대부분 암컷이다. 수컷이 육아를 하는 생물은 아주 적다. 사실 가족을 지킬 수 있는 강한 수컷만이 떳떳하게 육아를 할 수 있다.

일반적으로 포유류는 임신기간이 길어서 태어난 새끼가 자기 새끼라는 것을 수컷이 인지하기가 어렵다. 포유류 수컷이 육아를 하지 않는 것은 이 때문이다. 하지만 무리를 만들거나 짝을 얻을 때 압도적인 힘으로 암컷의 신뢰를 얻은 수컷이라면 태어난 새끼가 자신의 새끼임을 확신할 수 있다. 그런 강한 수컷만이 육아를 할 수 있다.

늘 포식자에게 쫓기는 초식동물은 도저히 육아에까지 참여

할 수 없다. 이러한 이유로 육아를 하는 수컷은 천적이 적은 육식동물에서 많이 볼 수 있다. 다만 젖이 나오지 않는 포유류 수컷이 육아에서 해줄 수 있는 일은 많지 않다.

하지만 암컷처럼 먹여서 기르지는 못해도 보금자리를 지켜주고 암컷에게 먹이를 갖다주는 등, 암컷이 육아에 전념할 수 있는 환경을 조성해주는 것 또한 육아에서 중요한 측면이다. 그리고 살아가는 기술이나 무리의 규칙처럼 사회적인 교육을 시키는 것도 수컷의 중요한 역할이다.

4
육아를 진화시킨 인류

지능도 전략이다

배추벌레는 알에서 깨어나면 아무에게도 배우지 않았지만 알 껍질을 먹은 다음 먹이인 잎사귀를 실수 없이 먹기 시작한다. 사마귀 새끼도 알에서 깨어나면 바퀴벌레처럼 작은 사냥감을 스스로 잡아먹으며 살아간다.

이것은 살아가기 위해 필요한 정보나 행동이 모두 '본능'이라는 완전한 형태로 프로그래밍되어 있기 때문이다. 부모가 육아를 하지 않는 어류와 양서류, 파충류는 살아가기 위해 필요한 본능을 태어날 때부터 모두 몸에 지니고 있다. 먹이를 잡는 법과 둥지를 짓는 법 등을 아무도 가르치지 않았지만 실수 없이 해낼 수 있다.

본능은 살아가는 데 더없이 훌륭한 시스템이다. 하지만 본능에는 결점이 있다. 프로그램된 범위 외의 사태에는 대응할 수 없다는 것이다.

잠자리가 금세라도 말라붙어버릴 것 같은 물웅덩이에 알을 낳는 경우가 있다. '수면에 알을 낳는다'는 것만 프로그래밍되어 있는 잠자리는 물이 말라버릴 가능성을 미처 생각하지 못하기 때문이다. 또 사냥벌이 먹이를 잡아 집으로 가다가 떨어뜨려도 그냥 가던 대로 계속 집으로 날아가는 경우가 있다. 떨어진 먹이를 도로 주워서 간다는 행동이 프로그래밍되어 있지 않은 탓이다.

그리고 곤충은 대부분 햇빛에 의지해 상하와 방향을 판단하도록 프로그래밍되어 있다. 그래서 전등 빛을 햇빛으로 착각해 날아갈 위치를 수정하는 사이에 결국 전구와 충돌해버리기 일쑤다. 조금만 생각해보면 올바른 판단을 할 수 있을 것 같은데, 어떤 상황에서도 본능의 프로그램에 따라 기계적인 행동을 할 수밖에 없다.

그렇다면 미리 정해진 프로그램을 실행하는 것이 아니라, 상황의 변화를 판단해 행동할 수 있는 프로그램을 만들면 어떨까? 이렇게 유연한 대응을 할 수 있도록 발달시킨 것이 바로 '지능'이다.

지능이 발달하는 데 필요한 조건

하지만 지능에도 결점이 있다. 지능을 발휘하려면 조건이 필요하다.

상황에 관계없이 기계적으로 행동하도록 만드는 본능에서는 행동 프로그램을 미리 준비해놓는 것이 가능하다. 반면 지능에서는 취해야 하는 행동이 상황에 따라 크게 다르다. 천적에게 쫓길 때는 도망칠 것인가, 숨을 것인가? 물이 없을 때는 이동할 것인가, 비를 기다릴 것인가? 이런 환경에서는 어디에 집을 지어야 할 것인가? 그 답은 상황에 따라 다르고 정답은 하나가 아니다. 행동을 잘못 선택하면 목숨을 잃게 된다.

그래서 상황에 따른 판단을 해야 하는 지능에서는 정보처리를 위한 대량의 데이터가 필요하다. 이 상황에서 이렇게 행동하면 어떻게 된다, 이렇게 하면 실패하고 저렇게 하면 성공한다, 이것은 위험하고 저것은 안전하다 등등 행동패턴의 데이터를 가능한 한 많이 입력해두어야만 한다.

이것은 태어나자마자 바로 혼자서 살아가야 하는 생물에게는 절대 불가능한 일이다. '이것은 위험하다', '이것은 실패다'라는 정보를 얻는 시점에 이미 죽어버리기 때문이다.

따라서 위험한 상황이나 실패할 패턴을 누군가가 가르쳐주어야만 한다. 다시 말해, 육아를 하는 생물만이 지능을 사용할 수 있다.

지능을 손에 넣은 포유류

그렇다면 육아를 하는 새는 어떨까? 새는 본능만이 아니라 지능도 갖고 있다. 까마귀가 지능이 높다는 것은 잘 알려진 사실이다. 지능이 있는 새는 잘 놀고 장난도 잘 친다. 이러한 시도를 반복하면서 지능에 필요한 정보를 얻어나가는 것이다.

하지만 새는 대부분의 상황에서 본능에 의지한다. 갓 태어난 오리나 닭의 새끼는 태어나 처음으로 보게 된 움직이는 존재를 부모라고 인식하고 뒤를 따라다닌다. 이것도 본능이 시킨 일이다. 또 철새가 헤매지 않고 이동지로 날아갈 수 있는 것도 본능에 의한 것이다.

새는 육아를 하는 생물이지만 부모 새는 새끼에게 먹이를 나르는 데 많은 힘을 쓰느라 새끼에게 많은 것을 알려줄 시간이 거의 없다. 그래서 지능을 충분히 활용할 수 없다. 한편 포유류는 먹이를 나르지 않고도 모유로 새끼를 키우는 시스템을 손에 넣었다. 그래서 상황판단에 필요한 여러 가지 것을 부모가 알려줄 수 있게 되었다.

물론 우리 포유동물에게도 본능은 있다. 예를 들어 갓 태어난 아기가 젖을 빨 수 있는 것은 본능에 의한 것이다. 하지만 포유동물은 대부분의 상황에서 지능에 의지한다. 먹이를 잡는 법에서 헤엄치는 법, 어떤 것이 위험한지까지 부모가 전부 새끼에게 가르쳐준다. 부모가 가르쳐주지 않으면 새끼는 먹이를 잡지도 못하고 적에게서 몸을 지키지도 못해 도무지 살아갈 수 없는 존재가 될 것이다.

포유동물의 부모 역할

지능에 의지하는 포유동물에게 육아는 단순히 새끼를 보호하거나 먹이를 먹여 크게 키우는 것만으로 끝나지 않는다. 포유류 부모는 지능을 작동시키는 데 필요한 질 높은 정보를 새끼에게 제공해야만 한다.

　포유류는 엄마가 몸속에서 태아를 보호하고 모유로 새끼를 기른다. 그런데 새끼를 교육하고 규칙을 가르치는 것은 아빠의 역할인 동물도 있다.

　앞에서 소개한 것처럼 하마는 입을 얼마나 크게 벌리는지를 경쟁해 승패를 정한다. 이렇게 하면 불필요한 살상을 피할 수 있기 때문이다. 이 규칙을 깨면 천적에게서 무리를 지켜야 하는 수컷들이 상처를 입게 되어 무리 전체의 존망이 위태로워진다.

　고작해야 입을 벌리는 일이지만 하마의 미래에는 매우 중요한 일이다. 그래서 수컷 새끼는 입의 크기로 경쟁하는 하마 사회의 규칙을 배워야만 한다. 이런 수컷의 규칙을 알려주는 것이 아빠의 역할이다.

　고릴라는 주로 엄마가 새끼를 기르지만 새끼들은 아빠 고릴라 옆에서 놀면서 여러 가지 규칙을 배워나간다.

　물론 이런 식으로 직접 새끼를 키우는 포유류 수컷은 적다. 하지만 수컷이 직접 육아를 하지 않더라도 수컷이 무리를 지키거나 먹이를 잡아오는 종류는 많이 있다. 이러한 수컷의 도움으로 암컷이 질 높은 육아를 할 수 있게 된다.

놀이의 중요성

지능을 사용하기 위해서 새끼들은 많은 정보를 배울 필요가
있다. 방법 중 하나는 부모에게서 배우는 것이다. 하지만 포유
동물의 새끼는 정보를 축적하는 또 다른 수단을 갖고 있다.

그것은 바로 '놀이'다. 포유류의 새끼는 서로 장난치며 싸우
거나 작은 동물을 괴롭히다가 잡아먹는 시늉을 하면서 논다.
이런 놀이를 통해 성공 체험과 실패 체험을 쌓고 정보를 수집
해간다.

포유동물 새끼는 잘 논다. 여러 가지 물건에 흥미를 갖고 체
험하고자 하는 호기심이 가득하다. 그리고 어른 흉내를 내고

싫어한다. 부모의 보호를 받는 새끼 때는 실패가 목숨과 직결되는 일이 거의 없다. 그래서 어른이 될 때까지 가능한 한 많은 체험을 하고 되도록 많은 정보를 얻으려고 한다. 포유동물에게 노는 것은 새끼들이 살아가기 위한 지혜를 배우는 장인 셈이다.

인간 아이들에게 중요한 것

포유동물 중에서 인간은 지능을 가장 많이 사용하는 동물이다. 지능은 정보를 처리하고 상황을 분석해 차례차례 국면을 타개해나가는 힘을 갖고 있다. 그리고 인간은 지능을 활용해 새로운 삶의 방식을 잇달아 생각해내 자연계에서 이제껏 없던 문명과 문화를 창조했다.

우리 현대인은 더욱 고도의 지능을 추구하고 있다. 이를 위해서 장대한 정보를 흡수할 필요가 있고 배워야 할 것들도 많다. 하지만 포유동물이 진화한 지 2억 년. 정보를 입력하는 것으로 행동 프로그램을 조직하는 지능의 기본적인 구조는 무엇 하나 변하지 않았다. 인간이 아무리 진화했다고 해도 포유동물의 일원이라는 사실은 변하지 않는다.

컴퓨터를 작동시킬 때는 OS(Operating System)가 필요하다.

이 OS가 있어야 비로소 여러 가지 기능을 활용할 수 있다. 그렇다면 뇌가 지능이라고 하는 기능을 활용하기 위해서 필요한 OS는 어떻게 만들어질까? OS를 작동시키기 위해서 불가결한 정보는 유감스럽지만 국어나 수학이 아니다. 인간도 동물의 일원에 지나지 않는다. 그리고 지능은 생명이 살아가기 위한 시스템이다. 그 지능을 작동시키기 위한 불가결한 정보는 자연에서만 얻을 수 있다. 자연 속에 존재하는 물체를 보거나 듣거나 만지는 것, 즉 오감을 사용해서 자연에서 정보를 얻는 것이 무엇보다도 중요하다.

물론 야생동물과 달리 우리 인류가 인간사회를 살아가는 데는 여러 가지 지식을 습득하는 것이 필요하다. 언어와 문자도 필요하고 산수도 배워야 한다. 도덕과 사회적 규칙도 등한시할 수 없다. 게다가 지구촌이 된 세상을 살아가기 위해서는 외국어도 배워야 한다. 세상은 점점 더 복잡해지고 과학기술 또한 발달하고 있다. 이에 따라 익혀야 할 것이 계속해서 늘어나기만 한다.

그러나 나는 학습을 위해 필요한 지능을 가동시키는 데 가장 중요한 것은 아이들이 자연 속에서 노는 것이라고 생각한다. 새끼 동물들은 잘 논다. 노는 것은 결코 쓸데없는 짓이 아니다. 그것은 포유류가 지능이라는 전략을 선택한 2억 년 전부터 하나도 변하지 않았다.

육아라는 전략

인간은 포유류 중에서도 가장 많이 지능을 무기로 삼아 살아가는 생물이다. 지능을 작동시키기 위해서는 배움이 필요하다. 그 때문에 인간만큼 육아에 열심인 생물도 없다. 무엇보다 육아기간이 아주 길다.

일반적으로 야생동물의 육아기간은 1년 이내, 길어도 몇 년이 보통이다. 그래도 험난한 자연계에서 1년이나 새끼를 보호해야 하므로 포유류는 사실 육아에 엄청난 비용을 지불하고 있다고 말할 수 있다.

야생 포유동물 중에서 육아기간이 가장 긴 것은 침팬지다. 침팬지는 새끼가 독립할 때까지 5년도 넘게 육아를 한다. 하지만 인간은 더 길다. 인간의 아이는 발육이 늦다. 일어서서 아장아장 걸음마를 하는 데 1년은 걸리고 커뮤니케이션에 필요한 언어를 말하는 데 2, 3년 정도가 걸린다. 여섯 살짜리 유아가 부모와 떨어져서 독립하는 상황은 도저히 생각할 수 없다.

그리고 학교를 졸업할 때까지를 생각하면 실질적으로 20년 전후의 기간을 육아에 쓰는 것이 된다. 이렇게 긴 기간 육아를 하는 생물은 인간 외에는 없다. 다음 장에서 자세히 설명하겠지만 그 이유 중 하나는 인간이 미숙한 상태로 태어나기 때문이다.

하지만 미숙하게 태어났어도 태어난 후에 빨리 성장하면 될 일이다. 판다 새끼는 태어날 때 겨우 150그램밖에 나가지 않는다. 하지만 3년 정도 자라면 독립해서 부모 곁을 떠나간다. 캥거루 새끼는 태어날 때 1그램밖에 나가지 않는다. 신장도 겨우 2센티미터로, 조금 큰 벌레만하다. 그런 캥거루 새끼도 어미의 육아낭 속에서 자라 1년 이내에는 부모를 떠난다.

이런 동물들은 임신기간을 짧게 해 어미의 부담을 줄이고 작게 낳아서 빨리 키운다. 즉 미숙한 새끼를 낳았다고 해서 반드시 독립할 때까지 기간이 길어지는 것은 아니라는 말이다. 하지만 인간은 태어난 후에도 부모한테서 독립하기까지 긴 시간이 필요하다.

그런데 알고 보면 사실 천천히 키우는 것도 인류의 전략이다. 지능을 무기로 삼은 인류는 살아가기 위해 배울 것이 많다. 그래서 굳이 발육을 늦춰서 바로 어른이 되지 않도록 하는 전략을 선택했다. 인간이 지능을 무기로 쓰려면 긴 육아기간이 불가결하다는 말이다. 그래서 지능과 육아는 세트로 발달했다.

그리고 이 '긴 육아를 통해 지능을 발달시킨다'는 전략에서 중요한 것이 '일부일처제를 기초로 한 가족'이었다고 생각해볼 수 있다. 다음 장에서는 인류의 진화에서 부부의 모습이 어땠는지 살펴보기로 하자.

5

부부와 육아

하렘이 부러운가?

인간은 생물학적으로는 일부일처제다. 하지만 생물계에서는 일부일처제가 아니라 하렘을 형성하는 것도 많다. 생물학적으로 수컷 1마리가 많은 암컷을 거느리면서 만드는 무리를 '하렘'이라고 부른다. 하렘은 원래 이슬람교에서 여성의 거처를 의미하는 말이었다. 그것이 오용되어 '많은 여성 속에 남성이 1명만 있는 상태'를 가리키는 말이 되었다.

포유류에는 하렘을 형성하는 것이 많다. 대표적인 예가 바다표범이나 바다사자다. 바다코끼리는 수컷 1마리가 100마리 이상의 암컷을 거느리면서 하렘을 형성한다. 인간으로 치면 남성 1명이 100명의 여성에게 둘러싸여 있는 것이다. 남성 여러분은 너무나 부럽다고 생각할지 모르지만, 정말로 그럴까?

최고의 실력을 가진 수컷 1마리만이 하렘을 만들 수 있다. 그래서 수컷들은 하렘의 패권을 두고 격렬하게 싸워야만 한다. 바다코끼리 수컷은 몸이 5미터도 넘을 정도로 거대하다. 이렇게 큰 몸으로 코를 부풀린 상태에서 3톤이 넘는 무거운 몸을 맞부딪치며 싸운다.

다행히 이겨서 하렘을 손에 넣었다고 해도 안심할 수 없다. 다른 수컷들이 계속해서 하렘을 두고 싸움을 걸어오기 때문이다. 그중에는 암컷을 희롱하는 수컷도 있다. 그때마다 하렘의 리더 수컷은 그들을 내쫓으며 대거리를 해야만 한다.

수족관에서는 애교 있는 몸짓을 보여주는 바다사자나 물개들도 하렘을 둘러싸고는 피투성이가 되도록 격렬하게 싸운다. 하렘을 지키는 것은 그만큼 힘든 일이다. 실제로 하렘의 리더가 된 수컷은 심신이 모두 지쳐서인지 안타깝게도 수명이 짧다고 한다.

그뿐만이 아니다. 암컷과 수컷의 비율은 대략 일대일이므로 수컷 1마리가 암컷 100마리를 독점하고 있다는 것은 다른 99

마리의 수컷은 짝을 얻지 못한다는 뜻이다. 그렇다면 하렘을 만들지 못한 수컷들은 어떻게 될까? 암컷과 만나지 못한 수컷들은 한 장소에 모여서 수컷끼리 무리를 만든다. 그리고 암컷과 짝짓기도 못한 채 일생을 보낸다. 이 수컷 무리를 동물학자들은 '슬픔의 언덕'이라고 부른다.

일부다처의 하렘을 부러워하는 것은 좋지만 이는 대다수 수컷에게는 상당한 각오가 필요한 괴로운 시스템이다. 이기든 지든 정말이지 힘든 삶을 살아야 하기 때문이다.

하렘의 이점

수컷에게는 너무나 힘들지만 우수한 자손을 남긴다는 점에서 하렘은 아주 훌륭한 시스템이다. 암컷을 독점하는 하렘은 자손을 남길 권리를 건 싸움이기도 하다. 무리의 리더가 되는 수컷은 힘만 센 것이 아니라 무리를 통솔하고 지키는 능력도 필요하다. 무리를 거느리는 리더가 아비가 되면 그 새끼는 강한 새끼가 될 가능성이 높을 것이다. 하렘에서라면 많은 암컷이 그 뛰어난 수컷의 유전자를 물려받은 새끼를 임신할 수 있다.

경주마의 세계에서는 우수한 종마가 씨말이 된다. 소고기 생산이라면 우수한 황소의 정자를 인공수정해서 양질의 육우를 키운다. 하렘은 그것과 같은 구조다.

하렘이라고 하면 수컷의 꿈인 것 같은 느낌이 들지만, 생물학적으로는 암컷에게 유리한 시스템이다. 암컷은 한꺼번에 많은 수컷의 새끼를 가질 수 없으므로 가능한 한 우수한 유전자를 가진 수컷과 짝짓기를 해야만 한다. 수많은 수컷이 접근하지만 어떤 수컷이 우수한지 한눈에 알아볼 수 없다. 하지만 하렘 시스템에서는 수컷끼리 알아서 싸움을 벌인다. 그래서 우수한 자손을 남기는 데 알맞은 우수한 수컷이 자동적으로 선택되는 것이다.

일부다처제는 어렵다

그렇다면 왜 더욱 많은 생물들이 하렘을 만들지 않을까? 하렘을 갖는다는 것은 그 무리를 지킬 책임이 있다는 말이다. 다른 수컷의 침입은 물론이고 외적이 덮쳤을 때도 무리를 지켜야만 한다. 많은 암컷과 새끼들까지 거느린 상태에서 천적에게 습격당했을 때 정말 수컷 혼자서 무리를 지킬 수 있을까? 그런 생각을 해보면 천적이 없는 상당히 강한 생물이 아니면 하렘을 만들 수 없다는 결론이 나온다.

하렘을 만드는 대표적인 동물로 사자와 고릴라가 있다. 둘 다 강하고 생명을 위협할 만한 천적이 없는 생물이다. 바다코끼리나 바다사자, 물개도 가끔 범고래에게 습격당하는 일은 있어도 적이 거의 없는 생물이다.

그런데 초식동물 중에도 사슴이나 들소처럼 하렘을 만드는 것이 있다. 그들은 천적이 노리는 존재이긴 하지만 리더인 수컷이 무리를 이끌어서 육식동물에게서 몸을 지킬 수 있다. 때로는 뿔을 휘두르며 무리를 지킨다. 이런 강한 수컷한테는 아무리 육식동물이라고 해도 간단하게 손을 댈 수는 없다. 즉 무리를 습격할 만한 천적이 없거나 적은 생물만이 하렘을 형성해 우수한 유전자를 남길 수 있다.

하렘을 만드는 동물은 암컷에 비해서 수컷이 두드러지게 크다는 특징이 있다. 또한 겉모습도 크게 다르다. 수컷끼리 격렬하게 싸우고 하렘을 지키기 위해서 수컷은 암컷에 비해서 훨씬 강하고 외형이 커질 필요가 있기 때문이다. 바다코끼리 수컷은 크기가 암컷의 7배가 넘는다. 유인원 중에서는 고릴라가 하렘을 만드는데, 고릴라 수컷의 크기는 암컷의 2배다. 또한 사자 수컷은 멋진 갈기를, 수사슴은 암사슴보다 두드러지게 훌륭한 뿔을 갖고 있다.

한편 인류는 평균적으로 남성 쪽이 여성보다 크다. 그렇지만 하렘을 만드는 동물 정도로 체격 차이가 나지는 않는다. 인류의 역사를 들춰보면 일부다처제 문화도 살짝 보인다. 하지만 생물학적으로 인류의 수컷은 원래 일부다처제의 성질을 갖고 있지 않다.

유인원은 대부분 난혼제

일부다처제는 혼자서 무리를 지킬 수 있는 강한 생물만이 선택할 수 있는 시스템이다.

유인원 중에서는 강대한 힘을 가진 고릴라가 일부다처제다. 또 오랑우탄도 일부다처제다. 오랑우탄도 암컷과 수컷의 체격 차가 크고 수컷의 몸이 암컷의 배 정도로 크다. 앞에서 쓴 것같이 암컷을 둘러싸고 격렬한 싸움을 하기 위해서 수컷의 몸이 커진 것이다.

오랑우탄은 일부다처제지만 고릴라처럼 하렘을 만들지는 않는다. 수컷과 암컷이 각기 단독행동을 한다. 오랑우탄의 먹이는 과일이다. 과일은 여럿이서 함께 먹을 정도로 풍부하게 있는 것이 아니다. 그래서 무리로 움직이는 것이 어렵다. 또 오랑우탄이 사는 깊은 숲속 나무 위에는 그들을 노릴 정도로 큰 육식동물이 없다. 그래서 수컷을 중심으로 무리를 만들어 몸을 지킬 필요가 없다.

하지만 수컷 오랑우탄은 일부다처의 암컷들을 위해서 광대한 세력권을 확보해야만 한다. 오랑우탄의 울음소리는 2킬로미터 밖까지 들린다고 한다. 수컷 오랑우탄은 이 소리로 다른 수컷을 위협하고 세력권을 지킨다.

그런데 사실 일부다처제인 고릴라나 오랑우탄은 원숭이 무리에서는 몇 안 되는 예외다. 침팬지나 일본원숭이 같은 다른 유인원들은 대부분 일부다처제가 아닌 또다른 결혼 형태를 선택하고 있다. 그것은 바로 '난혼제'다.

난혼의 장점

난혼이라는 말은 어감이 몹시 난잡하게 들린다. 난혼제는 암컷이든 수컷이든 특정한 짝을 두지 않고 복수의 이성과 자유롭게 교미하는 것을 말한다. 인간의 도덕 관점에서 보면 문란하게 생각되지만, 생물에게 가장 중요한 것은 자손을 남기는 일이므로 난혼도 번식 전략으로는 뛰어난 전략 중 하나다.

침팬지는 암컷이 발정하면 무리 중 수컷은 누구라도 발정한 암컷과 교미할 수 있다. 암컷도 계속 다른 수컷을 받아들인다. 침팬지는 부계사회로, 무리에서 태어난 수컷은 그 무리를 떠나지 않는다. 그래서 수컷 간의 결속력이 강하다.

한편 일본원숭이는 모계사회로, 혈연관계가 있는 암컷들이 무리를 구성하고 수컷 원숭이는 모두 타관이다. 그래서 수컷 간에 질서를 지키기 위한 순위제가 있다. 하지만 상위권에 있는 수컷만이 교미할 수 있는 것이 아니라 하위권 원숭이라도 상위권 원숭이가 없는 곳에서는 교미를 할 수 있다.

그런데 어째서 이런 구조로 발달했을까? 적에게서 몸을 지키기 위해서는 단독행동을 하는 것보다 무리를 만드는 것이 유리하다. 고릴라나 오랑우탄처럼 수컷 혼자서 무리를 지키는 것은 힘든 일이다. 그래서 무리를 지키기 위해서 수컷들이 힘을 합칠 필요가 있다. 이때 대장 원숭이 1마리가 암컷을 독점한다면 수컷 간의 결속력이 흔들리게 된다. 또한 암컷을 둘러싸고 수컷끼리 싸우다 보면 무리를 지킬 수 없다. 그래서 어떤 수컷이라도 어떤 암컷하고든 교미할 수 있는 난혼제를 선택한 것이다.

암컷을 둘러싸고 서로 싸울 필요가 없는 난혼제 사회에서는 고릴라나 오랑우탄처럼 수컷의 몸집이 특별히 크지 않다. 침팬지나 일본원숭이는 수컷과 암컷의 체격 차가 거의 없다.

인간은 난혼제였을까?

인간도 침팬지나 일본원숭이처럼 남자와 여자의 체격 차이가 거의 없다. 인간은 침팬지와 근연종이다. 그렇다면 혹시 인류도 원래는 침팬지와 마찬가지로 난혼제인 것은 아닐까? 그런데 도덕적으로 일부일처제를 강요받고 있는 것은 아닐까? 이렇게 생각하는 사람도 있을지 모른다.

하지만 유감스럽게도 그렇지는 않은 것 같다. 난혼제 사회에서는 수컷이 암컷을 둘러싸고 싸우지 않는다. 그래서 한눈에 보기에는 평화를 유지하고 있다. 하지만 지속적으로 교미가 이루어지는 난혼 속에서 수컷이 자신의 유전자를 남기는 일은 쉽지 않다. 그래서 난혼제 원숭이의 수컷은 고환이 크다는 특징이 있다. 조금이라도 더 많은 정자를 암컷의 몸속으로 보내고자 고환이 커진 것이다.

난혼제 원숭이의 경우 고환 무게가 체중의 0.2~0.8퍼센트라고 한다. 이에 비해서 인간은 0.06퍼센트다. 이래서는 도저히 난혼제 수컷의 성질을 갖고 있다고 말할 수 없다. 고환의 크기로 보면 인류는 일부다처도 난혼도 아닌, 원래 일부일처였다고 생각된다.

가족을 만들다

인류 진화의 시작은 아프리카의 초원이었다고 여겨진다. 나무 위에서 살다가 땅으로 내려와서 초원으로 진출한 인류는 육식동물의 습격에 위협당하고 있었다.

고릴라처럼 하렘을 만들어 수컷 1마리가 무리를 지키는 동물에 비해서 인류는 너무나도 약한 생물이다. 도저히 혼자서는 살아나갈 수 없다. 그래서 인류는 무리를 이루고 집단생활을 통해 외적에 대비해야만 했다. 그런 다음 인류는 아프리카의 초원에서 살아가기 위해 사냥을 시작했다. 야생동물에 비해 달리는 것이 늦고 힘이 없는 인류가 큰 동물을 죽이는 것은 간단하지 않은 일이다. 따라서 남자들이 힘을 합칠 필요가 있었다.

침팬지나 일본원숭이는 수컷 동료의 결속을 강하게 하기 위해서 난혼제를 선택했다. 하지만 인류는 난혼제와는 다른 전략을 세웠다. 그것은 '일부일처제'다.

인류가 일부일처제를 선택한 이유에는 많은 가설이 있고 지금도 확실한 정답은 없다. 하지만 정해진 이성하고만 짝짓기를 하면 무리 속에서 암컷을 둘러싼 싸움이 적어지는 것은 사실이다. 그렇기 때문에 수컷끼리 힘을 합칠 수 있다.

사실 일부일처제는 원시적인 원숭이한테서도 볼 수 있다. 그들은 넓은 세력권 안에서 일부일처제를 유지한다. 원시적인 원숭이는 부부가 세력권을 관리한다. 세력권 안에는 부부 둘밖에

없기 때문에 짝짓기 상대는 당연히 정해져 있다. 바람을 피운다는 것은 세력권 밖으로 나간다는 뜻이므로 위험을 동반한다.

하지만 인류는 무리를 이루어 집단생활을 하는데도 불구하고 일부일처제를 선택했다. 인류가 무리 속에서 일부일처제를 유지할 수 있었던 것은 수준 높은 커뮤니케이션 능력을 활용해 집단 속에서 '가족'이라는 작은 단위를 확립시켰기 때문이다.

일부일처제를 선택한 인류

일부일처제를 선택한 것은 인류에게 큰 이익을 가져왔다. 아버지가 육아에 협력할 수 있게 된 것이다. 난혼제라면 남자는 여자가 낳은 아이가 자신의 아이인지 아닌지 알 수 없다. 하지만 일부일처제에서는 태어난 아이가 자신의 아이일 가능성이 크다. 그래서 남자가 아이의 양육에 힘을 쏟게 된다.

사실 인간의 아이는 다른 동물에 비해서 부모의 육아가 더욱 절실히 필요하다. 그것은 인간이 직립보행을 시작한 것과 관계가 있다. 직립보행 덕분에 인류는 지능을 발달시킬 수 있었다. 인류의 선조가 직립보행을 하면서 일어섰기 때문에 목의 구조가 가로 방향에서 직각 상태로 바뀌게 되었고, 이 변화로 식도와 기도가 합쳐졌다. 다른 동물은 식도와 기도가 각각이라 식사를 하면서 숨을 쉴 수 있지만, 인간은 숨을 쉴 때와 음식을 먹을 때 기도와 식도를 전환해야만 한다.

이 복잡한 호흡 조절이 뇌의 발달을 촉진시킨 것으로 생각된다. 또한 목의 구조가 변화한 것이 복잡한 발음을 가능하게 해 언어를 발달시켰다. 이에 따라 뇌가 더욱 발달했으리라 여겨진다.

하지만 직립보행에 좋은 점만 있는 것은 아니었다. 직립보행을 하자 체중을 오로지 두 다리로만 지탱하기 위해서 골반의 형태가 변형되는 바람에 아기가 나오는 산도가 좁아져버렸다. 인간의 출산이 다른 동물에 비해서 난산인 것은 그 때문이다.

그리고 좁은 산도를 통과시키기 위해서 인간은 작고 미숙한 상태의 아기를 낳아야만 했다. 따라서 인간의 아기는 눈도 보이지 않고 아장아장 걷지조차 못하는, 부모의 보호 없이는 아무것도 할 수 없는 상태로 태어난다.

미숙한 아이를 키우는 능력

직립보행은 인류의 육아에도 큰 변화를 가져왔다. 인간의 아기는 부모의 보호 없이는 살아갈 수 없을 정도로 약한 존재다. 그 대신 인간 어른은 이 연약한 젖먹이를 키울 만한 뛰어난 능력을 갖고 있다. 엄마는 갓 태어난 아기의 곁을 한시도 떠나지 않고 보살펴야 한다. 하지만 직립보행 덕분에 양손이 자유로워진 엄마는 아기를 안은 채 모유를 먹이거나 이동할 수 있었다.

또 일부일처제이기 때문에 남편도 육아에 협력해준다. 초원에서 살아가는 생활은 무척 가혹하다. 게다가 태어난 자식은 미숙아다. 다른 동물들처럼 계속해서 상대를 바꿔가며 새끼를 만드는 것보다 아내가 낳은 아이를 소중하게 키우는 편이 자손을 남기는 데 더 유리했다. 물론 요즘 아빠들처럼 아이를 돌보는 일 같은 것은 생각할 수 없다. 하지만 남편이 아내가 있는 곳으로 음식을 공급해주었기 때문에 엄마는 육아에 전념할 수 있었다.

직립보행 덕분에 발달한 뇌가 생존을 위한 지능을 발휘하려면 부모가 자식에게 많은 것을 가르칠 필요가 있었다. 즉 인류를 인류답게 만든 것은 '직립보행'과 '지능 발달'이었다.

힘을 합쳐 육아를 하다

아기가 미숙하고 육아기간이 길기 때문에 인류는 이동하기가 그리 쉽지 않았다. 그래서 어쩔 수 없이 정착하게 되었다. 그리고 아이를 길러야 하는 여성은 두고 남성이 식량을 얻기 위해 먼 곳까지 사냥을 떠나게 되었다. 앞에서 설명한 것처럼 일부일처제 덕분에 서로 싸울 일이 없어진 인간 남성들은 힘을 합해서 사냥을 나갔다.

그렇지만 집단에서 남성들만 힘을 합한 것은 아니다. 남성이 사냥을 나간 동안 여성들도 협력하거나 역할을 분담해 과일, 풀씨를 채집하고 아이를 길렀다. 이런 방식으로 미숙하고 손이 많이 가는 아이를 기르며, 살아가는 데 필요한 방대한 정보를 아이에게 학습시켰다.

육아는 본디 여성의 일이긴 했지만 원래 엄마가 혼자서 해야만 하는 일은 아니었다. 집단에서 힘을 합쳐서 하는 일이었다. 정착지에서 이러한 공동생활은 여성의 커뮤니케이션 능력을 발달시켰다. 그것이 바로 여성의 '수다'다. 그다지 의미도 없고 시시한 수다야말로 같은 장소에서 싸우지 않고 집단생활을 하기 위한 지혜였다고 생각된다.

한편 남성의 커뮤니케이션은 사냥감이 눈치채지 못하게 사냥을 하기 위해서 필요한 것이었다. 그래서 남성은 쓸데없는 이야기를 하지 않게 되었다고 생각된다. 따라서 의미 없는 이야기를 나누고 싶어하는 여성과 의미 없는 이야기는 듣고 싶어하지 않는 남성이 서로를 이해하지 못하는 것도 진화 관점에서 보면 그리 이상한 일이 아니다.

남자를 붙잡아두는 여자로 진화

침팬지는 먹이가 풍부한 산림에 살기 때문에 암컷이 육아를 하면서 동시에 먹이를 모으는 것이 가능했다.

만약 인간이 침팬지처럼 난혼제였다면 먹이가 적은 초원에서 어미와 아이끼리만 살아갈 수 없었을 것이다. 미숙한 젖먹이를 안고 늘 젖을 먹이면서 먹을거리를 모으는 것은 도저히 불가능한 일이기 때문이다. 이렇게 인류의 암컷은 수컷의 협력 없이는 살아갈 수 없었다. 그래서 여성은 남성을 붙잡아둘 수 있도록 진화를 이룬 것으로 생각된다.

많은 포유동물에게는 발정기가 있다. 예를 들어 일본원숭이는 발정기가 1년에 1번 있는데 그때가 가을이다. 발정기가 되면 암컷의 엉덩이는 빨갛게 부어오르고 이것으로 수컷을 유혹해 교미한다. 발정기가 아닌데 수컷과 교미하는 일은 없다. 계절감이 없는 열대에 사는 침팬지의 발정주기는 짧아서 1달에 1번이지만, 발정기에는 역시 엉덩이가 분홍색으로 부어올라 수컷을 유혹한다.

하지만 인류는 발정기가 없다. 아니, 없다기보다 인류는 1년 내내 발정하고 있어서 늘 교미를 할 수 있다. 인간은 수렵생활을 하는 가운데 남자가 가족을 두고 멀리까지 사냥을 떠났다. 그래서 남편이 돌아오면 바로 교미가 가능하도록 진화했다고 여겨진다.

더구나 동물 암컷은 발정기 때 교미가 가능하다는 것을 수컷에게 알리는 신호를 보내지만, 인간 여성은 배란과 발정에 따른 어떤 징후도 밖으로 내보이지 않는다.

만약 발정기가 명확해서 교미기가 정해져 있으면 남자는 교미기에만 집으로 돌아올지도 모른다. 교미기를 알 수 없으면 수컷은 늘 성적 교섭을 원할 것이고, 다른 수컷한테서 암컷을 보호하려고 할 것이다. 말하자면 가족의 유대를 지키기 위해서 여성은 발정기를 길게 하고 발정 징후를 없앴다고 할 수 있다. 이렇게 해서 인간은 점점 더 확고히 일부일처제를 발달시켰다.

젊은 여자가 인기 있는 이유

여성의 진화는 여기서 그치지 않는다. 인간 여성은 나이가 들면 '폐경'이 되어 아이를 만드는 능력을 저절로 잃는다. 이 폐경도 다른 동물에서는 볼 수 없는 인간 특유의 것이다.

생물은 자손을 남기기 위해서 살아간다. 이를 위해 보통의 생물은 죽을 때까지 번식을 지속한다. 그리고 번식력을 잃은 개체는 곧 수명이 다한다. 인간의 경우에도 남성은 나이를 먹어도 계속 정자를 만들어 자손을 남길 수 있다. 하지만 인간 여성은 폐경이 되어 자연적으로 번식이 막힌다.

왜 인류는 폐경이라는 남다른 성질을 진화시켰을까? 그리고 왜 인간 여성은 폐경이 되어 번식력을 잃어버린 후에도 오랫동안 살아 있을까?

사람의 취향은 제각각이지만 일반적으로 인간 남성은 젊은 여성을 좋아한다. 젊은 이성을 좋아하는 것은 당연한 게 아니냐고 생각할지 모르지만, 자연계를 둘러보면 그렇지만도 않다.

예를 들어 침팬지나 일본원숭이 같은 난혼제 사회의 수컷은 젊은 암컷이 아니라 원숙한 암컷을 좋아한다고 한다. 난혼제 원숭이는 짝이 정해져 있지 않다. 또 부부가 협력해서 육아를 해나가는 일부일처제와 달리 암컷이 육아를 도맡는다는 특징이 있다. 그렇게 되면 출산과 육아를 여러 번 경험한 암컷이 경험 없는 어린 암컷보다 야무지게 새끼를 낳아서 잘 기를 가능성이 높다. 그래서 경험이 풍부한 원숙한 암컷이 인기를 얻는다.

한편 인간은 단체로 생활하고 집단으로 육아를 한다. 그래서 젊은 여자라도 육아에 실패할 가능성은 그리 많지 않다. 게다가 지금껏 기술해온 것처럼 미숙한 상태로 태어났음에도 불구하고 지능 발달을 위해 아이에게 가르칠 것이 많은 인류는 육아기간이 길다. 그래서 아이를 낳아 기를 수 있는 기회가 젊은 여자에게 더 많이 주어진다.

인간은 대부분 일부일처제이므로 나이가 좀 있는 여성과 결혼하는 것보다 젊은 여성과 결혼하는 것이 임신, 출산의 기회를 더 많이 가질 수 있기 때문에 보다 많은 자손을 남길 수 있다.

육아기간이 길다는 것은 여성에게도 큰 문제가 된다. 아이를 하나 다 키우고 나서 다음 아이를 낳아 길러야 한다면 평생 동안 많은 자손을 남길 수 없다. 하지만 인류는 여성들이 함께 모여서 육아를 하기 때문에 젖먹이와 유아를 동시에 돌봐야 한다 해도 육아가 가능하다. 그래서 인류는 젊을 때 집중해서 아이를 낳게 되었다.

한편 육아기간이 길기 때문에 나이를 먹어 아이를 낳으면 끝까지 기르지 못할 가능성이 높다. 게다가 두 발로 걷게 되면서 산도가 좁아진 인류에게 출산은 아주 위험한 행동이다. 경우에 따라서는 목숨을 잃을 수도 있다. 이미 몇 명의 아이를 낳아 기르고 있는데 새로운 아이를 낳기 위해 일부러 목숨을 걸 필요는 없다. 그래서 나이를 먹으면 출산이 자연스럽게 방지되도록 폐경이 되는 것인지도 모른다.

진화한 할머니

많은 생물이 자손을 남기고 나면 수명이 다한다. 육아를 하는 생물은 육아를 위해 수명이 길어지지만 육아가 끝나면 수명이 다한다. 하지만 인간은 육아가 끝난 후에도 바로 죽지 않는다. 왜 인간은 오래 살까? 육아가 끝난 인간에게 생물학적인 역할은 더 이상 남아 있지 않을까?

인류는 육아기간이 길기 때문에 폐경한 여성에게도 아이들을 기르는 중요한 역할이 여전히 남아 있다. 그래서 번식력을 잃었어도 여성은 계속 살아가게 되었다.

여기서 나온 가설이 인류의 진화에 중요한 의미를 갖는 '할머니 가설'이다. 인간 여성은 어느 연령에 도달하면 번식할 수 없게 된다. 그리고 성장한 아이들이 어른이 되어 아이를 낳는다. 이때, 이미 아이를 낳을 수 없게 된 여성이 손자를 잘 키우는 것은 자손을 남기는 것과 마찬가지의 중책이 된다. 그래서 폐경한 여성이 젊은 자식을 도와서 손자를 돌보게 되었다.

육아를 하는 생물은 육아를 위해서 수명이 길어졌다. 그리고 인간 여성은 손자를 키우기 위해서 더욱 오래 살게 되었다. 이렇게 경험이 풍부한 여성이 존재함으로써 육아 기술과 음식물

을 채취하고 조리하는 기술 등 수많은 삶의 지혜가 젊은 자식 세대와 손자 세대로 계승된다. 이 할머니의 존재가 아이의 생존율을 높이고 인류 문화의 비약적인 진보에도 큰 공헌을 했다고 여겨진다.

육아하는 아빠의 등장

그러면 최근에 두드러지는 남성의 육아 참여는 인류에게 무엇을 가져다줄까?

지금까지도 남성이 육아에 전혀 참여하지 않은 것은 아니다. 다만 육아에 적극적으로 참여하는 남성이 최근 급격하게 늘어나게 된 데에는 몇 가지 배경이 있다.

그중 하나는 남성과 여성의 역할 변화다. 옛날에는 남성은 사냥감을 찾아 멀리까지 나가고 여성은 집에 남아 육아를 했다. 이후에도 역할을 분담해 남성은 바깥에서 일하고 여성은 집을 지켰다. 하지만 요즘에는 여성이 대부분 사회로 진출해 밖에서 일하고 있다. 드디어 남성에게도 사냥이나 싸움으로 내달려야 하는 시대가 지나고 집에 돌아가서 가사를 할 수 있는 시대가 온 셈이다.

원래 인류는 집단으로 육아를 했다. 집단이라고까지는 말할 수 없지만 얼마 전까지만 해도 할머니도 있었고 지역 사람들도 육아에 협력해주었다. 하지만 요즘에는 가족이 핵가족화되어 부부 둘이서 육아를 해야만 하는 시대다.

이런 상황 속에서 육아를 하는 아빠가 늘어난 것은 필연적이라고 말할 수밖에 없다. 육아에 참여하는 현대의 아버지들은 모두들 익숙하지 않은 육아에 악전고투하고 있다.

하지만 인류만 아빠가 육아를 하는 것은 아니다. 자연계를 둘러보면 인간보다 훨씬 전부터 수컷이 육아를 하는 생물이 많았다. 육아에 열심인 아버지가 결코 인간만은 아니라는 말이다. 그러면 수컷이 육아를 하는 생물들은 도대체 어떻게 육아를 할까? 제2부에서는 육아를 하는 수컷들의 분투기를 들여다보기로 하자.

제 2부
육아 잘하는 수컷에게 배워라!

6

어류 수컷의 육아

어류는 대부분 알을 낳아 그대로 방치할 뿐 육아를 하지 않는다. 하지만 그중에는 태어난 알이나 치어를 보살피는 물고기도 있다.

육아를 하는 물고기는 민물고기나 연안의 얕은 바다에 서식하는 것이 많다. 광대한 바다에서는 많은 알을 낳아놓으면 어느 것인가는 살아남을 가능성이 있다. 하지만 강, 연못 같은 민물이나 연안의 얕은 바다에서는 늘 적들이 알을 노린다. 그래서 부모가 보호해서 생존율을 높이려고 한다.

신기하게도 어류는 암컷이 육아를 하는 것보다 수컷이 육아를 하는 경우가 압도적으로 많다. 수컷 물고기가 육아를 하는 이유는 명확하지는 않지만 다음과 같은 것들 때문이 아닐까 짐작된다.

물고기는 계속 성장하기 때문에 나이를 먹을수록 몸집이 커지므로 그만큼 알의 수가 늘어나게 된다. 그렇다면 암컷은 육아를 하는 것보다 그만큼의 에너지를 알의 수를 늘리는 데 쓰는 편이 낫다는 결론이 나온다. 따라서 암컷 대신 수컷이 육아를 하게 되었다.

또한 물고기는 수컷이 세력권을 갖고 있으며 그 세력권으로 암컷을 끌어들인다. 그래서 세력권 안에 낳은 알을 수컷이 지키는 것이 아닐까 한다.

게다가 물고기는 체외수정이므로 먼저 암컷이 알을 낳고 수컷이 그 위에 정자를 뿌려서 수정란을 만든다. 여기에서 유전학자인 리처드 도킨스는 물고기 알의 최종적인 소유자는 암컷이 아니라 마지막에 정자를 뿌린 수컷이라는 점을 지적한다. 아빠 물고기에게 수정란은 틀림없이 같은 핏줄인 자기 새끼다. 그렇다고 하면 사랑의 결정체인 알을 그냥 내버려둘지, 아니면 소중하게 기를지는 아빠의 판단에 맡겨져 있다.

지금부터 소개하는 물고기들은 그 선택 중에서 육아를 선택한 아버지들이다.

큰가시고기

성실한 수컷이 인기 있다

큰가시고기는 큰가시고깃과에 속한 어류의 통칭이다. 이름처럼 등지느러미가 가시 모양으로 나 있는 것이 특징이다.

큰가시고기 종류는 수컷이 육아를 하는 것으로 자주 연구 대상에 오른다. 큰가시고기의 생태는 실로 흥미진진하다. 큰가시고기의 생태에 주목한 니콜라스 틴베르헌이 큰가시고기의 본능 행동에 관한 연구로 노벨상을 수상했을 정도다.

큰가시고기 종류는 세력권을 형성한 수컷이 물 밑에 있는 수초로 둥지를 만든다. 이 둥지를 만드는 솜씨에 따라 암컷의 방문이 결정되므로 수컷은 매우 진지하다.

드디어 암컷이 가까이 오면 수컷은 구애행동을 취하면서 때때로 암컷에게 자랑스러운 둥지를 보여준다. 이 둥지가 암컷의 마음에 들어야 알을 낳아주기 때문이다. 수컷은 더더욱 기묘한 행동을 한다. 몸을 떨면서 지느러미를 움직여 둥지 안으로 물을 보내는 몸짓을 한다. 왜 이러한 행동을 할까?

사실 이것이야말로 수컷의 육아행동이다. 수컷은 암컷에게 자기가 육아를 잘할 수 있는 수컷이라는 것을 자연스럽게 강조하고 있다. 수컷의 역할은 보금자리 속의 알을 지키는 것만이 아니다. 수컷은 때때로 이렇게 지느러미로 둥지 속에 신선한 물을 투입한다. 그렇게 해야 둥지 속에 있는 알에게 산소를 머금은 물이 공급된다.

이런 육아의 성실성은 수컷에 따라 차이가 나는데, 부지런히 물을 투입하는 수컷이 있는 반면 성실하지 못한 수컷도 있다. 당연히 성실한 수컷이 돌본 알이 부화율이 높으므로 암컷한테는 육아를 잘하는 수컷을 선택하는 것이 중요하다.

알을 맡기는 암컷에게 중요한 것은 수컷의 체격도 아름다움도 아니다. 알을 지킬 둥지를 만든 솜씨와 수컷의 육아행동을 신중하게 판단해서 알을 낳을지 말지를 결정한다. 우수한 수컷을 골라서 우수한 자손을 남기는 것도 중요하지만, 육아를 못하는 수컷이라면 자손을 남기는 일조차 제대로 할 수 없게 된다.

만약 마음에 들면 암컷은 수컷이 만든 둥지 속에 알을 낳는다. 그러면 수컷이 그 위에 정자를 뿌려서 수정란을 만든다. 수컷은 이러한 구애행동을 반복해서 다른 암컷을 지속적으로 둥지로 맞아들여 수정란을 늘려나간다.

여성이라면 "다른 여자에게도 구애를 하다니, 용서할 수 없어" 하고 생각할지도 모른다. 하지만 큰가시고기의 세계는 다른 것 같다. 이미 둥지 속에 많은 알이 있다는 것은 다른 암컷도 이 수컷을 선택했다는 말이 된다. 혼자만의 판단으로는 불안하지만 다른 암컷도 이 수컷을 선택했다고 하면 자신의 눈도 믿을 수 있다. 그래서 이미 보금자리 속에 알이 있는 수컷 쪽이 암컷에게 더 인기가 있다.

이렇게 되면 초혼으로 처음 암컷을 유혹해야 하는 수컷은 낭패다. 큰가시고기 종류 중 하나인 가시고기는 자신이 인기 있는 수컷이라는 것을 알리기 위해서 다른 둥지에서 알을 훔쳐 자신의 둥지에 놓아두기까지 한다. 이렇게 하면 다른 물고기의 새끼까지 키워야 하지만, 다른 물고기 새끼의 육아를 떠맡아 가면서라도 자신이 육아를 잘한다는 것을 보여줄 필요가 있는 것이다.

너서리피쉬

이마에 육아기관이 있는 수컷

너서리피쉬는 '새끼를 돌보는 물고기'라는 뜻이다. 일본에서는 '고모리우오'라고 부르는데, 그 뜻도 새끼를 돌보는 물고기다. 오스트레일리아 등에 분포하며 맹그로브 숲처럼 흐름이 온화한 강에 서식한다.

참고로, 대서양수염상어는 일본어로 '고모리자메'라고 부른다. '고모리'라는 단어가 들어가면 새끼를 돌본다는 뜻인데, 아쉽게도 이 상어는 육아를 하지 않는다. 상어는 어미 배 속에서 알을 부화시켜 새끼 상어를 낳는 난태생이다. 대서양수염상어도 다른 상어와 마찬가지로 난태생이므로 그런 의미로는 알을 보호한다고 할 수 있지만, 새끼가 태어난 이후에는 전혀 돌봐주지 않는다.

너서리피쉬는 아빠가 육아를 하는 물고기다. 물론 알에서 새끼가 부화할 때까지이긴 하지만, 수정란을 보호하는 것은 물고기로서는 훌륭한 육아를 하는 셈이다.

수컷이 새끼를 돌보는 물고기 중에는 입속에 새끼를 넣고 키우는 것이 많다. 손과 발이 없는 물고기가 새끼를 지키는 수단 중에서 가장 간단한 것이 입속에 넣는 것이기 때문이다. 하지만 너서리피쉬는 다르다. 따로 육아기관을 준비하고 있다.

너서리피쉬를 살펴보면 이마 부분에 돌기가 있는 것이 있다. 이 돌기를 가진 것이 수컷이고, 돌기가 없는 것이 암컷이다. 이 돌기는 뼈가 변형되어 만들어진다. 번식기가 되면 수컷의 돌기가 발달한다. 그리고 암컷이 이 수컷의 돌기에 알을 낳는다. 수컷은 포도송이 같은 알 덩어리를 돌기에 걸고 알이 부화할 때까지 소중하게 지킨다.

흐름이 완만한 탁한 물에서 사는 너서리피쉬는 헤엄치는 일도 거의 없고 먹이를 잡는 일도 빈번하지 않다고 한다. 그러면 알을 입속에 넣고 키워도 될 것 같은데 굳이 몸 밖에 알을 걸고 헤엄치는 것을 보면 너서리피쉬는 육아남도 하나의 멋이라는 것을 알고 있는지도 모른다.

디스커스

흐뭇한 육아행동을 관찰할 수 있는 열대어

남미가 원산지인 디스커스의 육아도 꽤나 특이하다. 디스커스는 관상용 열대어로 알려져 있다. 아름다운 색채 덕분에 '열대어의 왕자'라고 불리며 인기가 높다. 하지만 인기의 비결은 그뿐만이 아니다. 사실 디스커스는 흐뭇한 육아행동이 인기여서 그것을 보려고 키우는 사람도 많다.

디스커스 부부는 알을 낳을 장소를 정돈하거나 알을 보호할 때 등 뭐든지 힘을 합해서 같이 한다. 하지만 디스커스의 육아는 알이 부화한 이후에 진면목을 보여준다. 어류의 육아에서는 부모가 새끼를 외적으로부터 보호는 하지만 먹이를 주는 일은 거의 없다. 부모와 새끼는 몸의 크기가 너무 달라서 먹이 크기도 다르다. 작은 치어에게 먹이를 주는 것은 아주 힘든 일이다.

그런데 디스커스는 새끼에게 먹이를 주는 물고기다. 디스커스 부모는 모두 '디스커스밀크'라고 불리는 분비물을 몸 양쪽에서 분비한다. 그래서 치어들이 부모의 몸에 바싹 달라붙어서 이 밀크를 먹고 자란다. 물고기가 수유를 하는 것도 참 특이하지만 암컷뿐만 아니라 수컷까지 수유를 하다니 정말 희한하다.

새끼들이 부모에게 바싹 달라붙어 있는 모습을 보면 저절로 흐뭇한 미소가 나온다. 그리고 암컷과 수컷은 새끼들을 돌보면서 교대로 먹이를 먹는다. 이 광경을 보고 싶어서 디스커스를 기른다 해도 과언이 아니다. 사이좋은 가족이지만 때로는 암컷과 수컷이 새끼를 차지하려고 싸우는 일도 있다고 한다. 부부 사이는 모르지만 어쨌든 그만큼 육아에 푹 빠져 있는 물고기다.

흰동가리

수컷에서 암컷으로 성전환하는 신기한 물고기

아이들에게 인기 있는 디즈니 영화 《니모를 찾아서》는 흰동가리 아빠와 새끼가 주인공이다. 영화는 잠수부에게 잡혀간 흰동가리 새끼 니모를 아빠가 필사적으로 찾는 부성애로 가득한 내용이다.

영화 내용대로 흰동가리는 아빠가 새끼를 키운다. 흰동가리 암컷은 알을 낳으면 그냥 방치하고 돌보지 않는다. 하지만 수컷은 알이 태어나면 입속에 넣고 알을 지킨다. 그리고 알에서 새끼들이 부화한 후에도 새끼가 어릴 때는 입속에 넣어 외적으로부터 지켜준다. 참으로 부성애가 넘치는 물고기다.

게다가 흰동가리 종류는 일부일처제로 계속 한 물고기와 짝으로 지낸다. 그런데 흰동가리 종류에게는 특이한 특징이 있다. 사실 흰동가리는 태어났을 때는 전부 수컷이다. 이 수컷 중에서도 가장 큰 개체만이 새끼를 남길 수 있는 성숙한 수컷이 된다. 그리고 암컷과 짝을 짓는다.

여기서 신기한 것이 있다. 흰동가리는 태어날 때는 모두 수컷이라고 했다. 그렇다면 암컷은 없다는 이야기인가?

흰동가리는 무리 중 가장 큰 개체가 수컷에서 암컷으로 성전환을 한다고 알려져 있다. 태어났을 때는 수컷이었는데 어느새 암컷이 되어 알을 낳게 된다는 말이다. 그야말로 트랜스젠더 암컷이다. 다시 말하면 수컷 무리 중에서 가장 큰 개체가 암컷이 되고, 남은 수컷들 중에서 가장 큰 개체가 성숙한 수컷이 된다.

흰동가리는 수컷과 수컷이 크기 대결을 해서 이긴 쪽이 암컷이 되는 시스템이다. 수컷은 정자만 만들면 되지만 암컷은 몸집이 커야 많은 알을 낳을 수 있다. 몸이 가장 큰 개체가 암컷을

담당하는 것은 참으로 합리적이다.

하지만 궁금한 것이 있다. 왜 다른 생물처럼 태어날 때부터 암컷과 수컷으로 나뉘어 있지 않을까?

잘 알려져 있듯이 흰동가리는 독이 있는 말미잘과 공생하며 도움을 받아 살고 있다. 작을 때는 부유생활을 하지만 적당한 말미잘을 발견하면 거기에 정주하는데, 말미잘 밖으로 나가는 일은 없다. 그래서 수컷과 암컷이 만날 기회가 거의 없다.

또한 작은 말미잘 속에서 공동생활을 하기 때문에 말미잘 속에 수컷만 있거나 암컷만 있거나 할 수 있다. 또는 암컷을 둘러싸고 수컷끼리 싸우게 되면 도저히 새끼를 남길 수 없다. 그래서 태어날 때는 전부 수컷이었다가, 번식을 할 때가 되면 말미잘에 사는 흰동가리 무리 중에서 가장 큰 개체가 암컷이 되고 다음으로 큰 개체가 수컷이 되어 부부가 되는 시스템을 발달시켰다.

만약 암컷이 죽어버리면 지금까지 번식 담당이었던 수컷이 암컷으로 성전환한다. 그리고 미숙한 수컷들 중에서 가장 큰 수컷이 번식력을 획득하고 새로운 부부가 된다.

영화《니모를 찾아서》에서 니모의 엄마는 첫 부분에서 꼬치고기의 습격으로 죽어버렸다. 불행한 사고였다. 그렇다면 부성애를 발휘한 니모의 아빠가 엄마가 될 날도 그리 멀지 않은 것 같다.

실고기

육아 덕분에 암컷의 인기를 한 몸에 받는 수컷

실고기 수컷은 별나다. 실고기 수컷 배에는 '육아낭'으로 불리는 육아 주머니가 있다. 이것은 딱 캥거루의 주머니와 같은 것이다. 캥거루는 암컷이 주머니 속에서 새끼를 키우지만 실고기는 수컷이 주머니 속에서 새끼를 키운다.

실고기 암컷은 수컷의 육아낭 속에 알을 낳는다. 그러면 수컷이 육아낭 속에 있는 알을 지킨다. 그것뿐만이 아니라 특수한 혈관에서 영양분과 산소를 전달한다고 하니 그야말로 완전한 임신이다. 그리고 치어가 부화하면 육아낭에서 출산한다.

실고기는 파도에 휩쓸려가지 않도록 꼬리를 해초에 둥글게 감아 몸을 고정하고 지낸다. 그래서 헤엄쳐다니는 다른 물고기에 비하면 암컷을 만나 자손을 남길 기회가 적다. 그런 이유로 실고기 수컷은 암컷과 만남을 중요하게 생각하고 암컷이 낳은 알을 소중하게 키운다.

그런데 질문이 있다. 자손을 소중하게 키우고 싶은 것은 암컷도 마찬가지다. 그렇다면 왜 암컷은 육아를 하지 않을까? 실고기의 일본 이름은 '요우지우오', 즉 이쑤시개 물고기다. 가는 몸을 이쑤시개에 비유해 지었다. 실고기는 이 가는 몸을 해초에 붙이고 거머리말인 양 위장하고 산다. 이렇게 해초와 헷갈리도록 몸을 숨기는 방법을 터득한 것이다.

그런데 이처럼 가는 몸으로는 제한이 많다. 암컷은 이토록 가는 몸을 알을 만들기 위해서 사용한다. 조금이라도 더 많은 알을 낳으려면 육아를 할 수 있는 여유 같은 건 전혀 없다. 그래서 수컷이 육아낭을 가지는 쪽으로 진화했다.

이렇게 수컷이 육아를 함으로써 암컷은 몇 번씩 알을 낳을 수 있게 되었다. 그런데 암컷이 몇 번씩 알을 낳는다는 것은 육아를 할 수컷이 모자랄 수 있다는 말이다. 그래서 실고기 세계에서는 수컷을 둘러싸고 암컷끼리 경쟁이 붙는다. 그리고 많은 후보 중에서 수컷이 암컷을 고른다.

암컷과 수컷의 입장이 역전된 것은 실고기 수컷이 육아를 하기 때문이다. 생물에게 육아는 힘든 작업이다. 육아를 해주는 고마운 존재는 인기가 있는 법이다.

해마

임신과 출산을 하는 수컷

아놀드 슈왈제네거 주연의 영화 《쥬니어》는 남성 과학자가 실험을 위해서 임신을 한다는 설정의 코미디 영화다. 물론 영화는 픽션이지만 요즘 '아버지 교실'에서는 남성이 배에 무거운 것을 달고 임신한 기분을 체험하는 실습도 한다고 한다.

남성이 임신한다는 것은 무척 기묘하게 느껴진다. 하지만 자연계에서는 실제로 수컷이 임신하고 출산하는 것도 있다. 해마가 그렇다. 해마 수컷은 복부에 육아낭을 갖고 있다. 앞에서 소개한 실고기도 육아낭을 갖고 있지만 실고기의 육아낭이 불완전한 데 비해서 해마는 완전히 발달한 자루 형태의 육아낭을 갖고 있다.

암컷은 마치 페니스 같은 산란관을 수컷의 육아낭 속에 넣고 알을 낳는다. 하지만 이 알은 아직 미수정란이다. 이 미수정란은 수컷의 육아낭 속에서 수정된다. 그리고 알을 받은 수컷은 몸을 흔들어서 배 속에서 안정시킨다. 이렇게 해마의 알은 수컷의 배 속에서 생명으로 잉태된다. 다시 말해서 해마는 수컷이 임신하는 물고기다.

육아낭이 완전히 닫히면 해마 수컷은 배 속에서 계속 알을 키운다. 놀랍게도 육아낭 속의 알에게 산소와 영양분도 공급된다. 마치 포유동물의 태아가 탯줄로 산소와 영양분을 받는 것과 같다. 그리고 부화하면 수컷의 배에서 새끼들이 나온다. 이는 마치 출산 장면을 보는 것 같다.

하지만 해마의 육아낭은 완전한 자루 모양이라 출구가 좁다. 그래서 출산도 쉽지 않다. 출산 전의 수컷은 마치 진통을 견디는 것처럼 고통스럽게 몸을 비비꼬거나 뒤로 젖힌다고 한다. 그야말로 '출산의 고통'을 겪는 셈이다.

육아낭에서는 작은 새끼가 200마리나 나온다. 보다시피 새끼 수가 많아서 출산도 바로 끝나지 않는다. 모든 새끼를 다 출산할 때까지 며칠이 걸리는 일도 있다니까 제법 힘든 출산이다. 그리고 출산을 끝내면 수컷의 배는 완전히 오므라든다.

암컷의 몸은 하나라도 더 많은 알을 낳기 위해서 이용된다. 그래서 육아를 위한 공간이 수컷의 몸에 준비되어 있다. 실고기와 마찬가지로 해마도 이리저리 돌아다니지 않는다. 그래서 짝과 만나는 것을 아주 소중히 여기며 일부일처제라고 한다.

해마 부부는 정말 사이가 좋다. 수컷이 임신하고 있는 기간에도 수컷과 암컷은 반드시 하루에 1번은 만나서 데이트를 한다. 해마 부부는 왜 매일 데이트를 할까? 정말로 바람을 피우지 않을까?

부부가 된 암컷과 수컷을 각각 다른 독신 해마와 짝지어주는 심술궂은 실험도 했지만 해마 부부는 독신 해마에게는 눈길도 주지 않고 자기 짝하고만 데이트를 계속했다고 한다.

사실 해마 부부는 매일 만남으로써 알의 성숙 타이밍을 조절

걱정마, 여보.
임신은 남자인
내가 맡을게!

한다. 그리고 출산과 알의 성숙을 딱 맞춰서, 수컷의 출산이 끝나면 암컷이 바로 또 알을 낳는다. 이렇게 함으로써 부부는 여러 번 출산을 반복할 수 있다. 이 정도로 호흡이 잘 맞는 것은 부부이기 때문이며, 다른 독신 개체라면 이렇게 할 수 없다. 그래서 해마는 일부일처로 부부가 되어 백년해로한다.

이렇게 부부가 백년해로하는 해마는 일본에서는 옛날부터 부부 화합의 상징이었다. 그래서 자식과 순산을 위한 부적에도 이용되고 있다. 배에서 새끼가 계속 태어나는 모습에서 순산의 부적이 되었을 것이다. 하지만 인간과는 달리 출산하는 것은 수컷이다. 설마 아빠 해마가 출산한다는 사실을 옛날 사람들은 생각도 하지 못했을 것이다.

7
양서류 수컷의 육아

아쉽지만 육아를 하는 양서류는 적다. 개구리와 영원, 도롱 뇽 같은 양서류는 유생 때는 올챙이로 물속에서 살다가 어른이 되면 물에서 나와 땅에서 생활한다. 이렇게 새끼와 어른이 사는 곳이 다르기 때문에 좀처럼 육아를 할 수가 없다.

그런데 그런 제한된 환경에 살고 있는데도 이에 상관없이 육 아를 하는 개구리도 있다. 그것도 수컷이 육아를 한다. 육상과 수중이라는 다른 환경을 서식지로 삼는 부모와 자식은 어떤 방법으로 함께 살아갈까? 그리고 양서류 수컷들은 어떻게 육 아를 할까?

피파개구리

등에서 새끼를 키우는 과잉보호 개구리

피파개구리는 일본에서 '고모리가에루'라고 부르는데 새끼 돌보는 개구리라는 뜻이다. 그 이름대로 피파개구리는 새끼를 잘 돌본다. 주로 남미의 강이나 연못에 서식하며 몸이 납작하다. 평평한 몸으로 물에 떨어진 나뭇잎처럼 위장하고 있다가, 마치 잎사귀가 떠다니는 것처럼 앞다리를 벌리고 세로로 흔들면서 작은 물고기나 물속 곤충을 잡아먹는다.

피파개구리는 양서류지만 육지에 올라가는 일 없이 평생을 물에서 보낸다. 그래서 육아가 가능하다. 개구리 중에는 수컷이 육아를 하는 것이 많지만 아쉽게도 피파개구리는 암컷이 육아를 한다. 다만 피파개구리의 육아에서 수컷이 중요한 역할을 한다.

피파개구리 암컷의 평평한 등 위에는 알이 빼곡하게 붙어 있다. 알을 낳아서 업고 다니는 것이다. 하지만 알을 낳는 것은 암컷 자신이다. 그런데 어떻게 암컷이 자기 등에 알을 낳을 수 있었을까?

사실 피파개구리 육아에는 수컷의 협력이 있어야만 한다. 피파개구리는 수컷이 암컷을 뒤에서 부둥켜안고 수면과 물밑을 몇 번씩 공중제비를 돌 듯이 헤엄친다. 그러다 수면 가까이에서 배영의 상태가 되었을 때 암컷이 수컷의 배 위에 알을 낳는다. 그런 다음 회전하면서 알을 수정시키고, 원래 위치로 되돌아오면 수컷이 수정란을 암컷의 등에 눌러 붙여준다. 암컷의 등은 스펀지처럼 부드러워져 있어서 알이 등에 깊이 박힌다. 거의 15번 정도 회전하면서 최종적으로 암컷의 등에 알이 100개 정도 채워진다.

아쉽게도 수컷의 헌신적인 협력은 여기까지다. 그 후에는 암컷 혼자서 알을 등에 업어서 키운다. 놀랍게도 알은 금세 암컷의 등과 한 몸처럼 되어버린다.

이뿐만이 아니다. 피파개구리 암컷의 육아는 알을 보호하는 데 그치지 않는다. 유생인 올챙이가 알에서 부화한 후에도 마치 알 속에 있는 것처럼 암컷의 등 조직 안에서 살아간다. 이렇게 3~4개월을 어미의 등 속에서 지내다가 새끼 개구리가 되어 마치 처음 알에서 깨어나듯이 암컷의 등에서 뛰쳐나온다. 이 얼마나 과잉보호를 하는 개구리인가? 피파개구리의 어미는 알이 개구리가 될 때까지 등에서 육아를 하는 셈이다.

산파개구리

산파처럼 알을 지키는 수컷

산파개구리라는 이름의 개구리가 있다. 산파란 요즘 말로 조산사인데, 옛날에 산파는 출산을 도울 뿐만 아니라 태어난 아이가 건강하게 자랄 수 있도록 지켜봐주는 존재이기도 했다. 산파개구리는 태어난 알을 지키는 모습이 산파 같다고 해서 붙여진 이름이다.

그런데 알을 지키는 것은 출산을 도와주는 산파가 아니라 산파개구리 수컷, 다시 말해 아빠다. 성실하게 알을 지키는 모습이 옛날 아버지의 이미지와는 부합하지 않았던 것일까? 알 수는 없지만 아무튼 산파라는 이름이 붙었다.

산파개구리는 유럽에 분포하고 연못이나 작은 시내에 서식하는 개구리다. 산파개구리 암컷이 투명한 튜브 상태의 난괴(卵塊, 알 덩어리)를 낳으면 수컷은 그 난괴를 다리에 둘둘 감는다. 그리고 피부에서 배어나오는 분비액으로 수분을 줘서 알을 키운다. 산파개구리가 사는 연못이나 작은 시내에는 알을 노리는 천적이 잔뜩 있기 때문에 소중한 알을 그냥 놔둘 수 없다. 그래서 수컷은 알이 부화할 때까지 알을 다리에 꼭 붙이고 이동한다.

산파개구리는 등에 있는 돌기에서 독을 분비한다. 이것으로 자신을 지킨다. 만약 산파개구리가 어떤 무기도 없는 개구리였다면 새끼를 지키기는커녕 본인도 함께 잡아먹혀 일망타진될 것이다. 산파개구리가 알을 지킬 수 있는 것은 천적에게서 몸을 지킬 만한 강한 무기를 갖고 있기 때문이다.

산파개구리 수컷은 알이 건조되지 않도록 알을 물에 담근 채 움직인다. 알이 부화하는 것은 1달 후다. 알이 부화할 때가 되면 수컷은 물가로 가서 올챙이들을 풀어놓는다.

화살독개구리

올챙이를 등에 업고 다니는 수컷

남미에 서식하는 화살독개구리는 이름 그대로 독화살의 재료가 되는 개구리다. 화살독개구리 종류는 크기가 작지만 피부에 독을 지니고 있다. 그 독이 복어보다 강하다고 하니 정말 대단하다. 이 맹독으로 자신의 몸을 지킨다.

화살독개구리는 250종도 넘는데, 어느 것이나 선명한 색으로 한눈에 봐도 독이 있어 보인다. 만약 보호색으로 몸을 지키고 있으면 다른 개구리와 헷갈려서 먹혀버릴 수도 있다. 그래서 독을 가진 화살독개구리는 일부러 눈에 띄는 모습을 하고 '난 독이 있으니까 먹지 마'라는 경고를 천적인 새에게 보낸다.

독을 가진 생물은 이처럼 경고색으로 몸을 지키는 것이 많다. 천적인 새는 머리가 좋다. 그래서 경고색의 위험을 기억할 수 있다. 독으로 지키는 방법은 천적의 머리가 좋다는 것을 역으로 이용한 방어법이다.

독이 있어 천적에게 잡아먹힐 염려가 없는 화살독개구리는 육아를 하는 개구리다. 육아를 한다는 것은 그만큼 부모가 강하다는 증거다. 만약 부모가 약하면 천적에게 부모도 함께 잡아먹혀버린다. 도저히 새끼를 지킬 수가 없다. 양서류는 아빠가 육아를 하는 예가 많다. 화살독개구리도 수컷이 육아를 한다. 새끼가 알에서 부화하면 아빠가 올챙이를 등에 업고 이동한다.

그런데 수많은 화살독개구리 중에서도 흉내독개구리는 부부가 함께 육아를 하는 희귀한 개구리다. 세계의 모든 개구리 중에서 부부가 함께 육아를 하는 것은 겨우 몇 종류뿐이다. 과연 흉내독개구리 부부는 어떻게 육아를 할까?

화살독개구리의 일종인 흉내독개구리는 물이 거의 없는 곳에서 산다. 그래서 어미 개구리는 물속이 아니라 식물의 잎사귀 위에 알을 낳는다. 그 후 알이 부화할 때까지 벌레 등에게 잡아먹히지 않도록 지키는 것은 수컷의 역할이다. 마침내 알이 부화하면 아빠 개구리가 올챙이들을 등에 올리고 이동한다. 그러다가 빗물이 고인 작은 물웅덩이를 발견하면 올챙이들을 풀어준다. 이처럼 육아는 수컷의 일이다.

그러면 암컷은 무슨 일을 할까? 올챙이들을 등에서 내려놓은 아빠 개구리가 울음소리로 엄마 개구리를 부른다. 그러면 엄마 개구리가 와서 올챙이들이 있는 웅덩이에 새로 알을 낳는다. 그런데 왜 이런 행동을 할까?

사실 이때 엄마 개구리가 낳는 알은 생명이 없는 무정란이다. 바로 이 무정란이 올챙이들의 먹이가 된다. 그저 빗물이 고여서 만들어진 물웅덩이에는 올챙이가 먹을 만한 장구벌레 같은 먹이가 적다. 그래서 어미가 새끼를 위해서 직접 먹이를 준비해주는 것이다. 이렇게 부부가 힘을 합해서 물이 없는 가혹한 환경에서 올챙이를 키워나간다.

다윈코개구리

울음주머니 속에 알을 넣어 지키는 수컷

    다윈코개구리는 진화론의 창시자인 찰스 다윈이 발견한 데서 이름이 유래했다.

    다윈코개구리도 아빠가 육아를 하는 개구리다. 육아를 한다는 것은 새끼를 지킬 만한 능력이 있다는 뜻이다. 이미 소개한 산파개구리나 화살독개구리는 독으로 자신을 지킨다. 그렇다면 다윈코개구리는 어떤 방법으로 자신을 지킬까?

    다윈코개구리의 몸 색깔은 갈색과 녹색이다. 위에서 보면 나뭇잎과 아주 닮았다. 그런 몸으로 땅에 엎드려서 낙엽으로 위장하고 자신을 지킨다. 그런데 문제가 있다. 산파개구리처럼 다리에 알을 붙이고 옮기거나, 화살독개구리처럼 등에 올챙이를 올리고 이동한다면, 애써 나뭇잎인 것처럼 위장하고 있다가 알 때문에 천적에게 들켜서 잡아먹혀버리지 않겠는가? 그래서 다윈코개구리는 몸 밖이 아니라 몸속에 새끼를 숨겨서 지킨다.

암컷이 알을 낳으면 수컷은 그중 10개 남짓을 입속에 넣는다. 울음소리를 내기 위한 울음주머니 속에 알을 넣는 것이다. 다윈코개구리 수컷은 목에서 아랫배까지 울음주머니가 늘어날 수 있게 되어 있다.

　울음주머니 속에서 부화한 올챙이는 아빠의 체내에서 분비되는 영양분을 먹고 개구리로 자란다. 그러다 개구리가 되면 아빠 입속에서 바깥세상으로 나온다.

아프리카황소개구리

건조지대에 사는 수컷의 목숨 건 육아

    아프리카황소개구리는 신장이 20센티미터나 되는, 아프리카 대륙에서 가장 큰 개구리다.

    아프리카황소개구리는 건조한 초원에 서식하는데, 평소에는 굴을 파고 땅속에 기어들어가 있다. 그러다 건기가 되어 건조가 극심해지면 탈피를 하고, 탈피한 가죽으로 고치를 만들어 몸을 휘감고 긴 잠에 들어간다. 이 고치 덕분에 수분 증발이 방지되어 건조를 견딜 수 있다. 이렇게 10개월 넘게 땅속에서 지낸다. 물이 필요한 양서류에게는 정말 가혹한 환경인 셈이다.

    기다리고 기다리던 비가 내리는 우기가 되면 아프리카황소개구리는 잠에서 깨어나 땅 위로 나온다. 그리고 큰비로 초원에 큰 물웅덩이가 생기면 번식을 하기 위해 모여든다. 물가에서는 암컷을 둘러싸고 격렬한 싸움이 벌어진다. 그리고 승자가 된 수컷에게 암컷이 달라붙어 알을 낳는다.

개구리는 일반적으로 수컷보다 암컷의 몸이 크다. 암컷은 많은 알을 낳기 위해서 몸이 커야 한다. 그런데 아프리카황소개구리는 암컷보다 수컷의 몸이 큰 특이한 개구리다.

아프리카황소개구리는 수컷이 육아를 한다. 모진 환경에서 육아를 하는 것은 결코 쉬운 일이 아니다. 그 장렬한 육아를 위해서 아프리카황소개구리는 큰 체격을 갖게 되었다. 태어난 알이나 올챙이를 지키는 것이 아프리카황소개구리 수컷의 임무다.

수컷은 알에서 깨어난 올챙이 1,000마리가량을 데리고 물웅덩이 속을 이동한다. 일시적으로 생긴 물웅덩이라 어디에서도 풍부하게 먹이를 구할 수가 없다. 먹이인 미생물을 발견하면 올챙이 1,000마리가 눈 깜짝할 사이에 모조리 먹어치운다. 그래서 아빠 아프리카황소개구리는 계속해서 먹이가 있는 곳을 찾아 올챙이들을 데리고 가야 한다.

건조지대인 초원은 원래 먹이가 풍부하지 못한 곳이다. 올챙이를 데리고 육아를 하는 동안 아빠 아프리카황소개구리가 먹이를 전혀 먹지 못하는 것은 흔한 일이다.

또한 적에게서 새끼를 지키는 것도 수컷의 중요한 역할이다. 아프리카황소개구리 수컷은 정말 용맹스럽다. 뱀이 가까이 와도 과감히 공격한다. 그뿐만 아니라 소나 코끼리에게조차 기를 쓰고 덤비거나 물고 늘어져서 내쫓는다고 하니 정말 대단하다.

힘든 것은 이뿐만이 아니다. 아프리카황소개구리는 비교적 얕은 물웅덩이에서 육아를 한다. 이 물웅덩이에는 올챙이를 잡아먹는 물고기가 없다. 또 온도도 높아서 올챙이의 성장이 빠르다. 하지만 이곳은 건조지대다. 겨우 만들어진 물웅덩이도 작열하는 햇빛에 순식간에 말라버리고 만다. 그래서 아프리카황소개구리 새끼는 맹렬한 속도로 자란다. 겨우 이틀 만에 알에서

물이 말라버리기 전에
어서 어서 자라주렴.

부화해 올챙이가 되고, 몇 주일이 지나면 새끼 개구리가 되는 식이다.

그래도 스피드를 맞추지 못해 웅덩이 물이 말라붙을 때가 있다. 그러면 수컷은 자신의 다리와 몸을 이용해 수로를 파서 물을 끌어들이거나 새끼들을 다른 웅덩이로 피난시킨다. 이 수로가 길 때는 수십 미터나 된다고 하니, 개구리에게는 정말 몸을 바친 대공사다. 내리쬐는 햇볕에 맥이 빠지면서도 아빠 아프리카황소개구리는 목숨을 건 대공사에 도전한다. 이런 힘찬 육아를 위해 아프리카황소개구리 수컷은 암컷보다 큰 몸을 갖게 되었다.

장수도롱뇽

다른 수컷들에게 굴을 습격당하는 비극

장수도롱뇽은 17종류가 육아를 하는 것으로 알려져 있다. 그중에서 암컷이 육아를 하는 것이 12종류이고, 수컷이 육아를 하는 것이 5종류다. 이 차이는 어디에서 생길까?

암컷이 육아를 하는 12종류는 모두 체내에서 수정을 한다. 체내에서 수정한다는 것은 알의 최종적인 소유자가 암컷이라는 말이 된다. 그래서 암컷이 육아를 하는 것이 자연스럽다.

한편 수컷이 육아를 하는 5종류는 모두 체외에서 수정을 한다. 체외수정에서는 암컷이 알을 낳고 수컷이 정자를 뿌려서 수정란을 만든다. 암컷의 체내에 있는 수정란은 다른 수컷의 수정란과 섞여 있을 가능성이 있지만, 자신이 정자를 뿌린 알은 수컷에게 틀림없는 자신의 새끼다. 그렇기 때문에 수컷이 육아에 열심히 매달리게 된다.

일본의 산간지대에 서식하는 장수도롱뇽은 세계에서 가장

큰 양서류다. 지금까지 기록된 것 중 제일 큰 개체는 1.5미터에 달한다고 한다.

체외수정을 하는 장수도롱뇽은 수컷이 육아를 한다. 장수도롱뇽이 산란하는 곳은 물가의 깊은 굴이다. 수컷은 산란을 위한 곳을 찾아낸 다음 굴속을 깨끗하게 청소하고 암컷이 오기를 기다린다.

그런데 산란하기 좋은 굴이 많이 있을 리 없다. 수컷들은 서로 굴을 빼앗기 위해 격렬하게 싸운다. 거칠게 물어뜯는 전투에서 발가락을 잃는 일도 많고 생명을 잃는 수컷도 있다고 한다. 그리고 마침내 승자가 된 강한 수컷이 굴의 주인이 된다.

이윽고 굴을 지키고 있는 수컷에게 암컷이 다가온다. 수컷은 준비한 굴속으로 암컷을 인도하고, 마침내 암컷이 굴속에 알을 낳는다.

하지만 수컷은 아직 안심할 수 없다. 때때로 사건이 발생하기 때문이다. 암컷이 알을 낳으려고 굴속으로 들어가면 미처 굴을 확보하지 못한 수컷들이 일제히 굴을 습격하러 온다. 굴을 가진 수컷은 싸움에 연승한 챔피언이긴 하지만 이렇게 집단으로 달려들면 당해낼 도리가 없다. 필사적으로 방어해도 일부 수컷들이 틈을 노려 굴속으로 잠입한다. 그리고 암컷이 낳은 알에 자기 정자를 뿌려버린다.

　이제까지 힘들게 굴을 지켜온 수컷에게는 너무나 억울한 일이다. 이것은 장수도롱뇽이 체외수정을 하기 때문에 일어나는 비극이다. 남의 아내를 탐하던 수컷들이 떠나고 암컷들도 모두 떠나면 마지막으로 남겨진 집주인이 정자를 뿌리는 것으로 수정이 완료된다.

　그 후 수컷은 굴에 머물며 알이 부화할 때까지 적으로부터 계속 지켜준다. 많은 수컷에게 침입당한 굴이라 굴속에 있는 알들은 어쩌면 자신의 새끼보다 다른 수컷의 새끼가 더 많을지도 모른다. 하지만 그것을 아는지 모르는지 굴 주인인 수컷은 부지런히 알을 지킨다. 사랑하는 암컷이 낳은 알이니까 자기 새끼가 아니라도 사랑하겠노라고 말하는 것처럼.

　실제로는 굴 하나에 복수의 암컷이 들러서 산란이 여러 번 반복된다. 물론 그때마다 다른 수컷에게 침입당하는 일도 많다. 그래도 굴을 가진 수컷은 이렇게 조금씩 자신의 알을 늘려나간다.

　수컷은 알을 지키면서 때때로 굴속에서 몸을 움직인다. 신선한 물을 굴속으로 들여보내기 위해서다. 또 수컷의 피부에서는 항균 활성이 있는 물질이 분비되는데 이것으로 병균으로부터 알을 지키는 듯하다.

　이윽고 알에서 부화한 유생은 둥지를 떠난다. 1미터나 되는 아빠에 비해 새끼들의 몸길이는 겨우 3센티미터. 갓 태어난 유생들이 장렬하고 애처로운 아빠의 이야기 같은 걸 알고 있을 리가 없다. 하지만 그것으로 됐다. 언젠가 새끼들도 거대한 몸으로 성장해 이 굴의 주인으로 돌아올 날이 있을 테니까. 그때 위대한 아빠가 한 것처럼 새끼를 소중하게 지키면 된다.

8

조류 수컷의 육아

　새는 90퍼센트 이상이 일부일처제이며 부부가 협력해 육아를 한다.

　조류는 극히 진화한 생물이다. 하지만 하늘을 날아야 하는 새는 몸이 가벼워야 하기 때문에 포유류처럼 배 속에서 태아를 키울 수 없다. 또한 성장한 큰 알을 낳을 수도 없다. 그래서 조그만 알에서 눈도 보이지 않고 날개도 나지 않은 미숙한 병아리가 태어난다. 이 미숙한 병아리를 키우기 위해 육아가 발달했다. 몸의 구조 때문에 미숙한 새끼를 낳게 되어 부부가 함께 육아를 할 필요가 있었던 사정이 어딘가 인간과 비슷하다.

그러나 새의 육아는 가혹하다. 알은 계속 품어서 따뜻하게 하지 않으면 죽어버리므로 교대로 알을 품거나, 알을 품고 있는 짝을 위해서 다른 쪽이 먹이를 물어다 주어야만 한다. 또 병아리를 키울 때도 빈번하게 먹이를 물어다 주어야 한다. 그래서 도저히 어미가 혼자 새끼를 기르는 것이 불가능하다. 이런 이유로 수컷과 암컷이 협력해서 육아를 한다.

한편 닭이나 오리처럼 날지 않는 새는 큰 알을 낳을 수 있다. 그래서 닭이나 오리의 병아리는 태어나자마자 스스로 걷거나 먹이를 먹을 수 있다. 이런 경우에는 수컷의 도움 없이 암컷 혼자서 육아를 많이 한다.

'원앙새 부부'라고 하면 사이좋은 부부를 일컫는 대명사이지

아빠는
어디 가셨어요?

만 원앙새 수컷은 육아를 하지 않는다. 번식기에 수컷은 암컷에게 딱 달라붙어서 수면을 떠다닌다. 이런 모습 덕분에 사이좋은 부부의 상징이 되었다. 그러나 실제로는 다른 수컷에게 암컷을 빼앗기지 않으려고 딱 달라붙어 지키는 것뿐이다. 암컷이 알을 낳고 자기 자손이 남았다는 것을 확인하면 수컷은 부부 관계를 청산하고 어디론가 떠나버린다.

흰머리수리

미국의 국조이자 정절의 상징

미국의 국조는 북아메리카에 서식하는 흰머리수리다. '맹금류의 왕자'라고도 불리는 흰머리수리는 강한 아메리카를 상징하는 새다.

아름답고도 고상한 흰머리수리는 옛날부터 신성한 새로 여겨졌다. 아메리카 원주민은 머리에 날개 장식을 다는데 그 날개 장식은 흰머리수리의 깃털로 만들었다. 흰머리수리는 부부가 바싹 달라붙어 있어서 정절의 상징으로도 여겨진다.

앞에서 소개한 것처럼 부부 화합의 상징으로 생각되는 원앙새는 사실 의심 많은 수컷이 암컷에게 딱 붙어서 짝을 지키는 것에 지나지 않았다. 그렇다면 흰머리수리는 어떨까?

흰머리수리는 일부일처제로 한쪽이 죽기까지 부부로 해로한다고 한다. 새 중에는 부부가 함께 육아를 하는 것이 많지만 번식기마다 짝을 바꾸는 것도 많다. 하지만 흰머리수리는 일평생

정절을 지킨다.

흰머리수리뿐 아니라 독수리나 매 같은 맹금류는 사냥감을 확보하기 위해서 넓은 세력권을 갖고 있기 때문에 이성을 만날 기회가 적다. 그래서 계속해서 짝을 바꾸지 않고 한번 부부의 연을 맺으면 정절을 지키면서 함께 세력권을 지킨다.

아메리카대륙에 사는 검은대머리수리의 일부일처제는 더욱 철저하다. 만약 짝이 아닌 새와 교미라도 하려고 하면 짝은 물론 주변의 동료들한테도 공격을 받는다고 한다. 검은대머리수리 사회적에서 외도는 결코 용서받지 못하는 셈이다.

흰머리수리를 포함한 맹금류는 육아도 부부가 협력해서 한다. 단, 알을 품는 것은 암컷의 몫이다. 강한 힘을 상징하는 흰머리수리는 사실 수컷보다 암컷이 더 크고 강하다. 그래서 강한 암컷 쪽이 알을 지킨다. 말 그대로 어머니는 강하다. 흰머리수리뿐만 아니라 매나 독수리, 콘도르 같은 맹금류는 전부 암컷이 더 크다.

물론 작은 수컷에게도 제 역할이 있다. 작은 수컷은 민첩하고 똑똑하므로 먹이를 잘 잡는다. 그래서 수컷은 알을 지키는 암컷을 위해 먹이를 날라다 준다. 이렇게 흰머리수리는 어미가 집을 지키고 아비는 가족을 위해서 먹이를 나른다. 이윽고 알에서 새끼가 태어난 후에도 암컷은 둥지에 머물며 새끼를 지키고 수컷은 아내와 자식을 위해 먹이를 잡아온다.

하지만 새끼가 자라면 수컷이 잡아 오는 먹이만으로는 모자라게 된다. 그러면 암컷도 새끼를 두고 사냥감을 잡으러 나간다. 몸이 큰 암컷은 수컷에 비해 민첩함은 떨어지지만 보다 큰 사냥감을 잡을 수 있다. 이렇게 흰머리수리는 암컷과 수컷이 협력하면서 새끼를 기른다.

호사도요

육아에 바쁜 수컷과 무사태평한 암컷

조류는 암컷보다 수컷이 아름다운 것이 일반적이다. 그 예로 공작 수컷은 아름답지만 암컷은 아름답기는커녕 약간 꾀죄죄한 느낌마저 든다. 또 꿩도 수컷은 아름답게 치장하고 있지만 암컷은 눈에 잘 띄지도 않는다.

암컷이 수수한 이유는 보호색으로 자신을 지키기 위해서다. 아름답게 꾸미는 것은 자연계에서는 위험한 행위다. 그래도 조류 수컷은 위험을 무릅쓰고 아름답게 꾸민다. 수컷은 같은 시기에 여러 암컷과 교미해서 다수의 자손을 남길 수 있지만, 암컷은 동시에 여러 수컷의 자손을 남길 수 없다. 다시 말해서 임신 가능한 암컷에 비해 수컷의 비율이 높기 때문에 암컷이 수컷을 고른다. 그래서 수컷은 암컷에게 선택받기 위해 아름답게 치장하는 것이다.

한편 암컷과 수컷이 협력해서 육아를 하게 되면 수컷은 복수의 암컷을 통해 자손을 남길 수가 없다. 그러면 수컷은 불필요하게 꾸밀 이유가 없어져서 암컷과 아주 닮은 모습이 된다.

하지만 특이한 예도 있다. 물이 많은 논에 사는 호사도요는 암컷이 수컷보다 더 아름답고 산뜻하다. 호사도요는 수컷이 알을 품거나 병아리를 돌보며 육아를 하는 새다. 암컷이 알을 낳을 준비를 하는 임신기간보다 수컷이 육아를 하는 기간이 더 길기 때문에 교미가 가능한 수컷보다 암컷의 수가 많다. 그래서 암컷들이 수가 적은 수컷을 둘러싸고 경쟁한다. 수컷은 엄청난 인기를 얻지만 육아로 바빠서 도저히 암컷을 상대할 틈이 없다.

그렇다면 처음부터 수컷을 많게 하면 될 것 아닌가 하는 생각이 들지 모르겠다. 그러나 생물의 세계는 적자생존이다. 살아남기 위해 냉혹한 경쟁을 한다. 이것은 다른 생물종 사이에서만 벌어지는 일이 아니다. 같은 종의 암컷과 수컷 사이에서도 일어난다. 수컷이 많은 경우 수컷을 선택할 수 있는 암컷이 유리해진다. 그러면 점차 암컷이 많아진다. 그렇게 되면 이번에는 암컷을 선택할 수 있는 수컷이 유리해진다. 이러한 줄다리기를 하는 동안 결국 암컷과 수컷의 비율은 일대일이 된다.

수컷을 둘러싸고 경쟁하긴 하지만 호사도요 암컷은 무사태평하다. 알을 낳으면 다음 일은 모두 수컷에게 맡기고 또 다른 수컷을 찾아 떠나버린다. 호사도요는 생물계에서는 보기 드문 일처다부제다.

그런데 왜 호사도요는 수컷이 육아를 하게 된 걸까? 우선 첫째, 호사도요의 병아리는 알에서 깨면 스스로 먹이를 잡을 수 있다. 그래서 부부가 육아하는 다른 새와 달리 병아리에게 먹이를 날라다 줄 필요가 없다. 그냥 알을 품어주고 천적에게서 지켜주기만 하면 된다. 그 정도라면 혼자서도 충분히 육아를 할 수 있다.

또한 호사도요는 습지에 사는 새다. 습지는 환경이 자주 변하며 알이 침수해버릴 위험이 크다. 수컷이 육아를 하게 되면 암컷은 충분히 쉴 수 있다. 그러면 암컷은 언제든 다시 알을 낳을 수 있다. 혹시라도 알이 잘못되었을 때 주변에 교미할 수 있는 암컷이 바로 있는 편이 좋다. 그래서 긴 안목으로 보면 수컷이 육아를 담당하는 편이 낫다.

그렇다 해도 호사도요 수컷의 육아는 갸륵하다. 적에게 습격당하면 날개를 파닥거리며 크게 상처 입어 날지 못하는 척 연기를 한다. 이렇게 적의 눈을 끌어 적이 병아리한테서 멀리 떨어지도록 한다. 호사도요 수컷은 정말 목숨을 걸고 새끼를 지킨다.

쇠제비갈매기

먹이를 졸라서 수컷의 역량을 시험하는 암컷

새의 수컷은 암컷 앞에서 각양각색의 구애행동을 한다. 예를 들어 공작은 아름다운 꼬리깃을 펼쳐서 구애를 하고, 학은 가볍게 춤을 추면서 암컷의 마음을 끈다. 또 종달새는 열심히 지저귀며 암컷에게 구애한다.

바닷가에 사는 쇠제비갈매기는 바다에 다이빙해 물고기를 잡는다. 수컷은 물고기를 잡으면 마음에 드는 암컷에게 갖고 간다. 그리고 물고기를 선물하면서 구애한다. 정말 연애 고수답게 암컷은 첫 선물에는 입도 대지 않는다. 먹지 않고 받아두기만 한다. 그래도 암컷이 받아주면 수컷은 계속해서 물고기를 잡아서 암컷에게 선물한다.

이렇게 수컷은 구애를 계속한다. 암컷은 마치 아기 새가 우는 것처럼 먹이를 조르고 수컷은 물고기를 잡아와 먹여준다니, 마치 달콤한 연인 사이를 보는 것 같다.

그런데 쇠제비갈매기 수컷이 선물을 갖고 오는 것에는 다 이유가 있다. 쇠제비갈매기는 일부일처제로 부부가 힘을 합해 육아를 한다. 먹이를 잡아오지 못할 것 같은 수컷은 절대 육아 파트너로 삼을 수 없다. 그래서 암컷은 응석을 부리며 선물을 졸라서 수컷의 역량을 시험해보는 것이다.

이윽고 암컷이 알을 낳으면 수컷과 암컷은 교대로 알을 품는데, 암컷이 둥지를 떠나는 일은 거의 없다. 주로 암컷이 알을 품고 수컷은 암컷을 위해 먹이를 잡아오는 식으로 역할을 분담한다. 수컷의 구애행동은 이때 먹이를 나르는 것의 예행연습이

내 마음을 받아주오!

었던 셈이다.

그뿐만이 아니다. 일부일처제의 조류라도 번식기마다 짝을 바꾸는 경우가 많은데, 쇠제비갈매기는 한번 정해진 파트너와 매년 짝을 맺는 것이 관찰되었다. 이러한 베테랑 부부는 육아를 매우 잘해서 아기 새의 생존율도 높다고 한다. 역시 조류의 세계에서도 육아는 부부 호흡이 중요하다.

검은사막딱새

자갈을 옮기는 행동으로 암컷에게 구애

검은사막딱새는 북아프리카 사막지대에 서식한다. 몸이 검정과 흰색으로 이루어져 있어서 독일어로는 '상복을 입은 사막딱새'라고 불린다.

검은사막딱새가 사는 사막지대는 풀이 드문드문 자라고 돌이 굴러다니는 황무지다. 한마디로 살기에 가혹한 곳이다. 그런데 그런 모진 환경에서 살아가는 검은사막딱새 수컷의 행동이 수수께끼로 가득 차 있다.

암컷과 짝이 된 검은사막딱새 수컷은 무슨 생각을 하는 건지 자갈을 물어다 나르기 시작한다. 검은사막딱새는 체중이 40그램 정도 되는 작은 새다. 돌을 입에 물고 나르는 것은 쉬운 일이 아니란 이야기다. 하지만 열심히 돌을 물어다 나르기를 반복한다. 많을 때는 하루에 70개 이상의 자갈을 옮기는 일도 있다고 한다. 이윽고 물어다 나른 자갈이 산처럼 쌓인다. 수컷이 옮긴 자갈의 양이 마지막에는 1~2킬로그램이나 된다고 하니 정말 대단하다.

불가사의한 것은 옮긴 자갈이 어딘가에 쓰이는 것이 아니라는 점이다. 검은사막딱새는 마른 풀이나 가지를 모아서 둥지를 짓는다. 힘들게 쌓은 돌 요새는 둥지가 아니다.

수수께끼로 가득한 생물의 행동에도 대부분은 합리적인 이유가 있다. 하물며 모진 사막지대에 사는 새다. 의미 없는 행동을 할 정도로 여유로운 삶이 아니다. 모은 자갈로 둥지를 지키는 것은 아닐까, 돌을 모아서 온도를 조절하는 것은 아닐까 등등 여러 가지 이유가 연구 대상에 올랐다. 하지만 자갈을 모은 장소를 버려두고 다른 장소에 둥지를 만드는 경우도 있었다. 다시 말해서 둥지를 지키기 위해서 자갈을 모은 것이 아니란 말이다.

그러면 검은사막딱새 수컷은 무엇을 위해서 자갈을 옮겼을까? 결과적으로 검은사막딱새 수컷이 자갈을 옮기는 것은 짝이 된 암컷에게 자신의 능력을 보여주는 것이라고 생각된다.

알에서 아기 새가 부화하면 검은사막딱새는 부부가 힘을 합해서 새끼를 키운다. 그렇다고는 해도 사막에서 먹이를 모으고 새끼를 키우는 것은 간단하지 않은 일이다. 그래서 수컷은 자신이 육아를 할 만한 체력이 된다는 것을 자갈을 나름으로써 암컷에게 보여주는 것이다. 사막에서 육아를 하려면 확실히 체력이 좋아야 할 것이다. 실제로 많은 돌을 옮긴 수컷일수록 새끼를 많이 키울 수 있었다고 한다.

더욱 신기한 일이 있다. 생물의 수컷은 짝이 될 암컷을 얻기 위해서 자신의 힘을 과시한다. 그런데 검은사막딱새 수컷이 자갈을 옮기기 시작하는 것은 결혼하기 전이 아니라 결혼한 이후다. 결혼 전에는 있는 힘을 다해 여자에게 잘 보이려 애쓰지만 결혼이 정해지면 안심해버리는 것이 세상 남자들의 상식임을 생각하면 언뜻 이해하기 힘든 행동이다.

그럼 왜 검은사막딱새 수컷은 결혼한 다음에도 암컷에게 잘 보이려 할까? 검은사막딱새는 한번 결혼하면 여러 번 새끼를 낳고 육아를 한다. 만약에 암컷이 수컷에게 정이 떨어지면 마음을 접고 도망가버린다. 그래서 수컷은 암컷에게 인정받고 결혼을 지속시키고자 계속해서 자갈을 옮기는 것이다.

백조

육아를 위해 천적이 적은 극한지를 선택한 새

아름다운 백조도 일부일처제로 알려져 있다. 그것도 한번 부부가 되면 백년해로하는 사이좋은 부부다.

백조는 겨울이 되면 월동을 하기 위해 일본으로 내려왔다가 봄이 되면 북쪽으로 날아간다. 일본에서 겨울을 나는 백조에는 큰고니와 고니 2종류가 있다. 큰고니는 침엽수림이 있는 타이가지대에서 여름을 지내고, 고니는 더 북쪽에 있는 북극권인 툰드라지대까지 이동한다.

툰드라지대는 겨울에는 사방이 얼음으로 막히고 여름에도 기온이 0도인 극한지(極寒地)다. 게다가 일본에서 자그마치 4,000킬로미터가 넘는 먼 곳이다. 일본에 그대로 머물며 육아를 하면 좋을 것 같은데 그렇게 하지 않는다. 따뜻한 지방에는 먹이도 많지만 새끼를 노리는 천적도 많기 때문이다. 북쪽으로 가면 갈수록 천적인 육식동물이 적어지므로 백조는 북쪽으로 이동해 육아를 한다. 그중에서도 몸집이 작은 고니는 천적이 더 적은 곳을 찾아 더 북쪽으로 향하는 것으로 생각된다.

백조가 일생을 같은 짝과 보내는 데는 이유가 있다. 백조는 짧은 겨울 동안 육아를 하고 어린 새와 함께 다시 수천 킬로미터가 넘는 곳으로 이동해야만 한다. 정해진 기간에 조금이라도 새끼를 크게 키우려면 매년 구애해서 짝을 찾을 시간이 없다. 그래서 이미 정해진 짝끼리 만나 서둘러 육아에 몰두하는 것이다.

또한 극한지에서 육아하는 것은 결코 만만치 않다. 결혼 1년 차와 2년 차에는 육아가 제대로 되지 않아 번식률이 1퍼센트 정도밖에 되지 않는다고 한다. 그러다 매년 육아 기술이 늘면서 10년 정도 지나면 번식률이 80퍼센트까지 올라간다고 한다.

그런데 고니는 부부가 헤어지는 경우를 결코 볼 수 없지만 큰고니는 때때로 이혼하는 경우를 볼 수 있다. 고니에 비해 이동하는 거리가 짧은 만큼 큰고니에게는 약간의 여유가 있기 때문인지도 모른다.

툰드라로 건너간 고니는 마른 풀을 쌓아올려 둥지를 짓고 알을 낳는다. 알을 품는 것은 암컷의 역할이다. 수컷은 외적에게서 암컷과 알을 지키는 역할을 한다. 그리고 병아리가 부화하면 암컷과 수컷이 협력해서 육아를 한다. 이윽고 가을이 되면 태어난 지 반년도 안된 아기 새들도 4,000킬로미터가 넘는 장거리 여행을 시작해야만 한다.

백조는 가족 간 연대가 강하다. 부모 새와 새끼 새는 힘을 합해서 목숨을 건 여행을 한다. 실제로는 채 성장하지 못해서 출발하지 못하는 새끼도 있다. 또 체력이 모자라서 여행 도중에 탈락해버리는 새끼도 있다. 이 얼마나 가혹한 운명인가? 그래도 백조는 새끼의 천적이 없는 쪽을 선택했다. 그만큼 육아를 소중히 생각하는 것이다.

비둘기

수컷한테서도 나오는 영양가 높은 젖

비둘기도 일부일처제로 육아를 하는 새다. 일본에서 일반적으로 볼 수 있는 야생 비둘기는 멧비둘기다. 멧비둘기는 다른 이름으로 산비둘기라고 하며, 과거에는 산속에서 살았지만 요즘은 사람이 사는 마을 가까이나 거리에서도 볼 수 있다.

참고로, 신사나 절 등에서 자주 볼 수 있는 비둘기는 통신용 비둘기가 야생화한 집비둘기다. "폿포 폿포 비둘기 폿포"라는 일본 동요가 있는데, 실제로 "폿포" 하고 우는 것은 멧비둘기다. 사람이 주는 먹이를 먹으러 오는 집비둘기는 "구구" 하고 운다.

멧비둘기는 공원 나무나 가로수 등에 둥지를 만들기 때문에 새끼의 모습을 잘 관찰할 수 있다. 멧비둘기가 사람 사는 지역에 둥지를 만들게 된 것은 천적으로부터 몸을 지키기 위해서다. 사람이 사는 곳에는 비둘기의 천적이 가까이 오기 힘들다. 그래서 원래 서식지였던 산에서 마을로 내려오게 되었다.

멧비둘기는 부부가 힘을 합쳐서 둥지를 만들고 역시 힘을 합쳐서 알을 품는다. 비교적 안전한 밤에는 암컷이 알을 품고 위험한 낮에는 수컷이 알을 품는다. 새는 일반적으로 봄에 사랑의 계절을 보내고 먹이가 될 곤충이 많은 여름에 육아를 한다. 하지만 멧비둘기는 다르다. 멧비둘기는 계절과 상관없이 연중 언제라도 육아를 할 수 있다.

우리 인간은 문명을 발달시켜서 1년 내내 식량을 확보하고 육아를 할 수 있게 되었다. 하지만 자연계에서는 계절에 관계없이 육아를 할 수 있는 생물이 드물다. 그런데 멧비둘기는 어떻게 해서 육아의 계절을 고를 필요가 없게 되었을까?

멧비둘기는 젖으로 새끼를 키울 수 있다. 그래서 곤충이 적은 계절에도 육아를 할 수 있다. 물론 조류인 멧비둘기한테서 포유류처럼 젖이 나오는 것은 아니다. 멧비둘기는 모이주머니에서 밀크를 만든 다음 입으로 토해내서 새끼에게 준다. 이것을 '피존밀크'라고 부른다. 피존밀크는 암컷뿐만 아니라 수컷도 생산할 수 있다. 이 피존밀크 덕분에 멧비둘기는 수컷도 수유를 한다.

피존밀크에는 포유류의 젖과 아주 비슷한 영양분이 들어 있다. 단백질과 지방은 포유류의 젖보다 더 풍부할 정도다. 새끼의 성장에는 단백질이 필요하므로 보통은 식물성 먹이를 먹는 새들도 병아리에게는 고단백질의 곤충을 먹이로 준다. 멧비둘기도 식물성 먹이를 주로 먹지만 단백질 등 영양가가 높은 피존밀크를 만들어 새끼를 키우고 있다.

인간의 육아는 분유의 등장으로 아주 편해져서 아빠도 수유를 할 수 있게 되었다. 멧비둘기도 마찬가지다. 피존밀크 덕분에 수컷도 수유가 가능하게 되었다. 그리고 무엇보다도 곤충을 잡으러 가는 수고를 덜 수 있게 되었다. 그래서 멧비둘기는

아빠 젖 먹고
무럭무럭 자라렴!

남는 여유시간을 이용해 새로운 둥지를 만든다. 그리고 계절에 상관없이 몇 번씩 둥지를 만들고 몇 번이라도 육아를 한다.

　하지만 멧비둘기가 그만큼 육아에 열심인 데는 이유가 있다. 멧비둘기에게는 천적이 많다. 까마귀와 뱀, 고양이, 족제비 등 수많은 동물들이 멧비둘기의 알과 병아리를 노린다. 멧비둘기가 몇 번씩 육아를 한다는 것은 그만큼 새끼를 무사히 키우는 것이 어렵다는 뜻이기도 하다.

학

"검은 머리가 파뿌리 될 때까지"라는 말과 어울리는 새

"학은 천년"이라는 말이 있듯이, 학은 장수의 상징이다. 그리고 학 부부는 평생을 함께 살며 백년해로한다. 검은 머리가 파뿌리 될 때까지, 다시 말해 백발이 될 때까지 함께 백년해로한다는 점에서 부부 화합과 장수를 의미하는 길한 동물로 여겨진다.

학이 정말로 1,000년을 사는 것은 아니다. 학의 실제 수명은 30년 정도다. 하지만 새 중에서는 장수하는 부류에 속한다. 그 긴 인생을 일부일처로 같은 짝과 백년해로한다. 게다가 절대로 바람피우는 일이 없다고 하니 대단하다. 학 부부는 생물학적으로도 정말 길조다.

학의 부부애는 정말 강하다. 혼자서 구슬프게 우는 학이 있으면 그 옆에는 반드시 상처 입었거나 사체가 된 학이 있다고 한다. 짝이 죽으면 학은 정말 슬프게 운다. 그리고 언제까지나 사체 옆을 떠나지 않고 다른 동물이 가까이 오면 몸을 바쳐 사체를 지킨다. 이윽고 죽은 짝이 썩어 뼈만 남아도 계속 지키고, 눈이 쌓여 사체가 보이지 않게 되어도 사체가 있던 장소에서 멀어지지 않는다고 한다. 정말 강한 부부애다.

부부 간 유대가 강한 학은 육아도 함께 한다. 학은 1~2마리의 새끼를 키우는데, 이것은 야생 조류로는 적은 수이므로 학은 그 새끼를 소중하게 키운다. 암컷과 수컷은 교대로 알을 품고 병아리가 부화하면 데리고 걸어다닌다. 암컷과 수컷이 새끼학 2마리를 1마리씩 데리고 다니기도 한다.

이처럼 사이좋은 가족이지만 보금자리에서 날아오를 때는 일제히 날지 않는다. 아빠와 엄마가 각각 새끼를 데리고 다른 장소에서 날아오른다. 이것은 천적에게 보금자리를 들키지 않기 위한 지혜다. 또 천적에게 습격당하더라도 가족이 전멸하는 것을 방지하기 위한 지혜라고도 생각된다. 그리고 만나기로 한 곳에서 기다렸다가 함께 먹이를 먹는다.

일본 전래동화인《은혜 갚은 학》에서는 정체를 들킨 학 부인이 남편과 자식을 두고 날아가버린다. 다른 새도 아니고 부부애와 가족애가 넘치는 학이다. 학 부인은 얼마나 원통했을까?

하지만 생물학적으로는 이《은혜 갚은 학》의 모델은 학과 많이 닮은 황새일 것이라는 설이 있다. 황새는 울지 못하기 때문에 부리로 달그락달그락 소리를 내서 암컷과 수컷이 커뮤니케이션을 한다. 이 소리가 베틀 소리와 비슷하기 때문에 여기서 《은혜 갚은 학》이야기가 만들어진 것이 아닐까 한다.

학과 아주 비슷한 황새도 학처럼 암컷과 수컷이 사이좋게 육아를 한다. 유럽에는 황새가 아기를 물어다 준다는 전설이 있다. 금슬 좋은 황새가 육아하는 모습을 보고 이러한 전설이 만들어진 듯하다.

타조

각양각색의 의도가 엇갈리며 뒤섞인 하렘

세계에서 가장 큰 조류인 타조는 수컷이 주로 육아를 한다. 타조는 일부다처제다. 일반적으로 일부다처제인 생물은 하렘을 만들어 무리를 지킨다. 그런데 왜 하렘의 주인인 타조 수컷이 육아를 할까? 그리고 새끼가 많은 일부다처의 수컷이 어떻게 육아를 할 수 있을까?

일부다처제의 수컷은 암컷을 둘러싸고 격렬하게 싸운다. 타조도 마찬가지다. 수컷끼리 우두머리의 자리를 놓고 격렬한 싸움을 벌인다. 그리고 승자가 된 수컷이 패자 수컷을 쫓아내고 세력권과 암컷들을 차지한다.

그런데 타조의 경우 싸우는 것은 수컷만이 아니다. 암컷 또한 서로 싸워서 무리 중 1위인 암컷을 정한다. 그리고 우두머리가 된 수컷과 1위 암컷이 교미해서 알을 낳는다. 하지만 일부다처제의 수컷은 다른 암컷에게도 구애를 하기 때문에 2위 이하 암컷들도 계속해서 1위 암컷의 알이 있는 둥지에 알을 낳는다.

힘들게 싸워서 1위의 자리를 얻었지만 2위 이하의 암컷들에게도 알을 낳을 기회를 주는 것은 물론이고 자신의 둥지에 알을 낳아 키우게 한다? 이 얼마나 아량이 넓은 암컷인가?

하지만 1위 암컷에게는 다 생각이 있다. 타조는 일부다처제지만 알을 낳는 둥지는 하나다. 사실 암컷이 1위 자리를 놓고 싸운 것은 이 둥지를 관리할 권한을 얻기 위한 것이다. 1위 암컷은 자기 알을 둥지의 한가운데에 가져다놓고 다른 암컷들이 낳은 알로 둘레를 감싼다. 혹시 독수리 같은 천적이 덮치면 둥지 바깥쪽에 있는 알부터 잡아먹게 되고 가운데 있는 알은 무사히 지켜진다. 다시 말해서 1위 암컷은 자신의 알을 지키기 위한 미끼로 다른 암컷들이 알을 낳도록 허락하는 것이다.

물론 2위 이하의 암컷들도 이를 알고 있다. 그래도 만약 천적에게 먹히지 않고 알이 살아남으면 패자가 된 2위 이하의 암컷들에게도 자손을 남길 가능성이 있다.

하지만 1위 암컷이 계속 육아를 하는 것은 아니다. 알의 위치만 정하고 나면 이후의 보살핌은 수컷에게 미룬다. 이후로는 주로 수컷이 알을 품는다. 알을 지키는 것은 강한 수컷의 역할이다. 둥지가 많으면 수컷도 알을 지킬 수 없다. 일부다처제라도 무리 속에 둥지를 단 하나만 만드는 것은 이 때문이다.

타조 병아리가 알에서 부화하면 암컷과 수컷은 병아리들을 보호한다. 병아리는 태어나면 바로 스스로 먹이를 먹을 수 있기 때문에 부모는 적에게서 지켜주는 일만 하면 된다.

그런데 타조 암컷과 새끼는 매몰차다. 다른 타조 가족과 우연히 마주치면 수컷들은 격렬하게 싸우지만, 암컷 타조와 새끼는 싸움에 진 아빠를 버려두고 이긴 쪽 수컷을 따라가버린다고 한다. 가족의 정보다는 좀더 강한 수컷이 지켜주기를 바라는 마음이 더 큰 탓이다. 이긴 수컷은 패배한 수컷의 새끼도 모두 거둬준다. 천적을 만났을 때 새끼 수가 많은 무리가 살아남을 가능성이 크기 때문이다.

1위 암컷이 2위 이하 암컷들의 새끼를 양육하거나 승자가 된 수컷이 다른 수컷의 새끼까지 거두는 등, 타조의 세계는 각양각색의 의도가 뒤섞인 복잡한 세계다.

에뮤

헌신적으로 육아하는 수컷

조류의 90퍼센트는 부부가 함께 새끼를 키운다. 한쪽이 혼자서 육아를 하는 것은 불과 10퍼센트다. 그중 8퍼센트는 암컷 혼자서 새끼를 키운다. 그리고 수컷 혼자서 육아를 하는 것은 겨우 2퍼센트밖에 없다. 그 2퍼센트에 포함되는 것이 에뮤다.

에뮤는 오스트레일리아에 서식하는 세계에서 두 번째로 큰 새다. 세계에서 제일 큰 조류인 타조는 일부다처제였다. 타조처럼 병아리가 조숙한 경우 양친이 함께 육아에 힘쓸 필요가 없다. 그래서 일부다처제나 난혼제가 되는 것이 보통이다. 하지만 에뮤는 일부일처제다. 그것도 암컷은 육아에 참여하지 않는다. 수컷 혼자서 육아를 한다.

암컷은 알을 낳으면 어디론가 가버린다. 그리고 남겨진 수컷이 알을 품는다. 알을 지켜야 한다는 사명감이 가득한 수컷은 어미인 암컷조차도 쫓아버린다고 한다. 알이 부화할 때까지 기간은 대략 8주. 수컷은 그 기간 동안 둥지를 떠나지 않는다. 물론 먹지도 마시지도 않는다. 이렇게 50일이 넘는 긴 시간 동안 에뮤 수컷은 먹이를 먹지도 않고 배변조차 하지 않은 채 계속해서 알을 품는다. 그러는 사이 수컷의 체중은 절반까지 감소해버린다고 한다.

겨우 알이 깨어나도 수컷의 육아는 끝나지 않는다. 이제부터 18개월 동안 수컷은 새끼를 키워야 한다. 수컷은 병아리 입에 직접 먹이를 넣어준다. 정말 새끼를 끔찍이도 사랑하는 아빠다. 그리고 새끼들에게 먹이 잡는 법을 알려주고, 새끼들은 아빠와 함께 먹이를 찾는다.

수컷이 새끼를 기르면 육아에서 해방된 암컷은 알 낳기에만 전념할 수 있다. 그만큼 커다란 알을 낳을 수 있게 되는 셈이다. 에뮤는 2, 3일마다 알을 낳아 합계 8~20개 정도의 알을 낳는다. 알 1개의 무게는 700~900그램. 달걀 무게의 10배 이상이다. 에뮤 암컷이 이렇게 큰 알을 많이 낳을 수 있는 것은 육아를 도맡아주는 수컷 덕분이다.

그런데도 암컷은 수컷이 알을 품고 있는 사이 육아는 수컷에게 맡기고 다른 수컷에게 가버린다. 이렇게 계속해서 알을 낳기 때문에 수컷은 둥지 속의 새끼가 자신의 새끼인지 아닌지조차 알 수 없다. 그래도 에뮤 아빠는 열심히 육아를 한다.

게다가 '탁란'을 하는 암컷까지 있다. 탁란은 남의 둥지에 몰래 알을 낳는 것을 말한다. 이렇게 되면 에뮤 수컷은 자기 새끼는커녕 짝의 새끼도 아닌 알까지 키워야만 한다. 하지만 신기하게도 에뮤 수컷은 타인의 새끼에게조차 관용적이다. 육아 도중이라도 미아가 된 병아리를 발견하면 그 병아리를 보살피기까지 한다.

　이토록 온갖 육아의 지혜가 발달한 것은 에뮤가 힘든 환경에서 살아가기 때문인지도 모른다. 힘든 환경에서는 느긋하게 싸우고 있을 여유가 없다. 어떻게 해서든 자손을 남기려고 누구나 필사적이다.

　에뮤가 사는 동오스트레일리아에는 비가 적게 온다. 그래서 먹이가 되는 식물이나 곤충을 찾아서 비가 내리는 곳으로 이동해야만 한다. 에뮤가 어떻게 비가 내리는 장소를 찾는지는 확실히 알려져 있지 않다. 구름을 보고 쫓아가거나 젖은 땅 냄새를 맡고 찾아가는 것으로 생각된다.

　이동거리는 많을 때는 하루에 수십 킬로미터, 1년에 8,000킬로미터 이상이라고 한다. 에뮤는 이렇게 늘 여행을 계속하는 유랑의 백성이다. 번식기에는 아무것도 먹지 못한 채 계속 알을 품고, 알에서 병아리가 부화하면 방랑하는 나날들. 그것이 에뮤 수컷이 살아가는 방식이다.

　에뮤는 절대 뒤로 물러서지 않는 새라고 한다. 그래서 오스트레일리아에서 국조로 삼았다. 오직 '전진만이 있을 뿐'이다. 그것이 혼자 육아를 하는 에뮤 수컷의 인생이다.

무덤새

낙엽으로 만든 무덤을 데워 알을 지키는 수컷

오스트레일리아의 숲에 서식하는 무덤새 수컷의 육아는 특이하다. 50일 넘게 온 힘을 다해 육아를 하는데도 알이나 갓 태어난 새끼와 접촉하지 못한다. 접촉은 고사하고 새끼의 얼굴조차 제대로 보지 못한다.

무덤새라는 이름은 무덤을 만드는 것에서 유래했다. 무덤새 수컷은 낙엽을 모아 지름 6미터, 높이 1미터도 넘는 거대한 낙엽 산을 만든다. 쌓아올린 낙엽 산은 이윽고 미생물에 의해 발효가 시작되어 김이 오를 정도까지 온도가 올라간다. 이 낙엽 무덤이 바로 무덤새 수컷이 알을 품는 장소다. 무덤이 완성되면 수컷은 암컷에게 알을 낳아달라는 구애행동을 한다.

무덤새 암컷이 원하는 조건은 수컷의 외모도 아니고 힘도 아니다. 암컷은 무덤 속에 부리를 찔러넣어 무덤 속의 온도를 잰다. 그 온도가 암컷의 판단 기준이다. 알을 품기에 충분한 온도가 아니면 암컷은 알을 낳지 않는다. 만약 무덤이 마음에 들면 암컷은 무덤가에 머물면서 알을 여러 개 낳는다. 그리고 알을 낳은 암컷은 미련 없이 떠난다.

그렇다고 수컷이 직접 알을 품는 것은 아니다. 수컷은 그저 무덤의 온도를 관리하면서 낙엽의 발효열로 알을 간접적으로 품어줄 뿐이다. 온도가 너무 높아도 너무 낮아도 안 된다. 알에게 적합한 온도는 33도. 온도가 내려가면 낙엽을 보충하거나 뒤섞어주면서 부지런히 발효를 진행시켜 온도를 관리한다.

알을 무덤 속에 넣어 지킨다고 해도 이를 노리는 천적이 또 있다. 천적이 다가오면 무덤새 수컷은 필사적으로 쫓아낸다. 이렇게 힘껏 무덤 속의 알을 지킨다.

이윽고 낙엽 무덤 속에서 알이 부화한다. 갓 태어난 새끼들은 몇 시간에 걸쳐서 낙엽을 헤치고 통로를 만들어 무덤 밖으로 기어나온다. 수컷도 낙엽을 치워 새끼가 나오는 것을 돕는다. 그리고 마침내 새끼들이 낙엽 무덤에서 세상으로 나온다. 드디어 만나는 사랑스런 새끼들.

그러나 바깥세상으로 나온 새끼들은 이미 부모의 보호 따윈 필요 없다. 무덤새 병아리는 태어나자마자 스스로 먹이를 잡을 수 있다. 게다가 달릴 수도 있고 날기까지 한다. 무덤에서 나온 병아리는 쏜살같이 달려 아빠 슬하에서 멀리 도망친다.

힘들게 알을 돌보았지만 무덤새 수컷은 태어난 새끼의 얼굴조차 만족스럽게 볼 수 없는 운명이다. 하지만 그걸로 됐다. 잔혹한 것 같지만 아무리 소중하게 키웠어도 독립하는 새끼 입장에서 이제 아버지는 살아가는 데 방해가 되는 경쟁자에 지나지 않기 때문이다.

황제펭귄

세상에서 가장 가혹한 육아를 하는 새

황제펭귄은 남극이라는 가혹한 환경에서 사는 것을 선택한 새다. 극한의 남극에는 조류를 노리는 육식동물이 적기 때문에 황제펭귄은 남극에서 생활할 수 있도록 진화했다.

황제펭귄은 '세상에서 가장 가혹한 육아를 하는 새'로 불린다. 극한의 남극에서 사는 황제펭귄의 육아는 장렬하기까지 한데, 이 가혹한 환경에서 살아가기 위한 지혜가 아빠의 육아다. 3월에서 4월경이 되면 황제펭귄 무리는 알을 낳기 위해 바다에서 멀리 떨어진 장소로 이동한다. 천적이 적다고는 해도 바다 가까이에는 범고래나 표범물개 같은 육식동물들이 있기 때문이다. 남반구에 있는 남극의 3월은 겨울로 접어들기 시작하는 계절이다.

긴 이동 끝에 내륙으로 이동하면 황제펭귄은 구애를 하고 일부일처의 짝을 찾는다. 그리고 5월에서 6월경에 암컷은 커다란 알 1개를 앞발 위에 낳는다.

알을 앞발 위에 낳는 데는 이유가 있다. 얼어붙은 땅 위에 알이 닿으면 순식간에 얼어버리기 때문이다. 그래서 낳는 것과 동시에 발로 받아내야 한다. 수컷은 그 알을 받아서 자신의 발 위로 이동시키고 출렁거리는 뱃가죽을 뒤집어씌워서 알을 품는다. 이제부터 수컷의 긴 육아가 시작되는 것이다.

바다를 떠나 내륙으로 이동하기 시작한 때부터 2개월간 황제펭귄은 아무것도 먹지 않는다. 그리고 이제 산란을 끝낸 암컷은 체력을 회복하기 위해서 먹이를 찾아 도로 바다를 향해 이동한다. 이때부터 암컷이 돌아올 때까지 수컷은 꼼짝 않고 발 위에 올려놓은 알을 품는다.

물론 수컷은 먹이를 먹을 수 없다. 계속해서 알을 품고 있어야 한다. 계절은 겨울이다. 햇볕을 쬘 수 있는 시간은 거의 없고 하루 종일 어두운 밤이 계속된다. 기온은 영하 60도. 그리고 블리자드가 휘몰아친다. 그 차가운 눈보라 속에서 수컷은 꼼짝도 않고 계속해서 알을 지킨다.

거칠게 휘몰아치는 블리자드 속에서 수컷들은 모여서 원을 만든다. 이것을 '스크럼'이라고 부른다. 스크럼은 가운데가 가장 따뜻하다. 황제펭귄의 스크럼은 나선형을 이루는데, 수컷들은 순서대로 원의 중심을 향해서 이동해간다. 그리고 중심에 도착한 펭귄은 이번에는 원의 가장 바깥으로 줄을 선다. 이런 식으로 순서대로 이동하면서 추위를 견뎌낸다.

이렇게 황제펭귄 수컷들은 힘을 합해 혹독한 남극의 겨울을 이겨낸다. 눈이 쌓인 비탈에서 굴러떨어져도 알을 놓치는 일은 없다고 하니 황제펭귄의 필사적인 노력을 알 수 있다.

황제펭귄 수컷은 알을 품기 시작한 이후로 2개월간 아무것도 먹지 않고 계속해서 알을 품는다. 바다에서 떠나 알을 낳기까지 이미 2개월 동안 아무것도 먹지 않았다. 다시 말해서 수컷은 4개월도 넘게 극한 속에서 절식을 지속하는 셈이다.

이윽고 8월경이 되면 알에서 아기 황제펭귄이 태어난다. 그리고 이쯤이 되면 긴 여행을 끝낸 암컷들이 아기 황제펭귄에게 줄 먹이를 배 속에 가득 저장하고 바다에서 돌아온다. 만약 암컷이 돌아오기 전에 아기가 태어나버리면 수컷은 식도에서 젖 상태의 영양물질을 토해내어 아기에게 먹인다. 이것을 '펭귄밀크'라고 부른다.

알이나 병아리를 암컷에게 인도하고 나면 이번에는 수컷이 먹이를 먹으러 바다로 향한다. 그러나 4개월도 넘게 먹지도 마시지도 못한 채 알을 품어온 수컷의 체력은 이미 한계에 도달했다. 먹이를 잡으러 바다로 향하는 도중에 죽어버리는 경우도 있다고 한다. 황제펭귄 수컷의 육아는 이토록 장엄하다.

물론 기다리는 수컷도 힘들지만 남편을 두고 먹이를 잡으러 떠난 암컷도 힘들기는 마찬가지다. 바다까지 거리는 50~100킬로미터나 된다. 여행 도중에도 블리자드는 휘몰아치고 바다에는 육식동물까지 기다리고 있다. 정말 목숨을 건 여행이다.

그런데 황제펭귄은 왜 이런 혹독한 겨울에 알을 낳을까? 일반적으로 새는 봄에 구애해서 알을 낳고, 먹이가 많은 여름 동안 새끼를 키운다. 하지만 남극의 여름은 짧다. 봄에 구애해서 알을 낳는다고 하면 새끼가 자리기도 전에 여름이 끝나고 혹독한 겨울이 되어버린다.

그래서 겨울이 되기 전에 새끼들을 크게 키우려면 겨울에 알

을 낳고 봄이 되는 것과 동시에 새끼를 부화시킬 필요가 있다. 그리고 짧은 여름 동안 얼른 새끼를 키워 다가오는 겨울을 대비해야 하기 때문에 황제펭귄은 커다란 알을 낳는다. 그리고 단 하나의 큰 알을 소중하게 키운다.

　태어난 새끼들은 어린이집처럼 한 장소로 보내진다. 이제 새끼들은 무리 안에서 소중하게 키워진다. 그리고 양친의 애정을 듬뿍 받고 자란 새끼 황제펭귄들도 이윽고 자라 훌륭한 아빠와 엄마가 된다.

9
포유류 수컷의 육아

조류는 90퍼센트 이상이 부부가 힘을 합해 육아를 한다. 그렇다면 포유류는 어떨까? 아쉽지만 포유류는 조류에 비해 아빠가 육아를 하는 예가 많지 않다. 포유류 중에서 아빠가 육아를 하는 것은 겨우 5퍼센트를 넘지 않는다고 한다.

조류는 부모가 알을 품어서 보호하는 데 비해 포유류는 엄마의 몸속에서 태아로 보호하는 시스템을 습득했다. 이것은 새끼를 지킨다는 점에서는 훌륭한 시스템이다. 하지만 교미에서 출산까지 긴 임신기간을 보내야 한다는 문제가 있다. 새는 교미해서 알을 낳을 때까지 기간이 짧기 때문에 아빠는 알이 자신의 알이라는 것을 인식할 수 있다. 반면 포유류는 출산까지의 기간이 길기 때문에 아빠가 태어난 새끼를 자신의 새끼라고 인지하기 어렵다.

또한 포유류는 새처럼 먹이를 자주 물어다 나르지 않아도 모유라는 뛰어난 영양원으로 새끼를 키울 수 있다. 다시 말하면 엄마의 뛰어난 육아 시스템 덕분에 엄마 혼자서도 육아가 가능하다. 이러한 이유로 포유류는 주로 엄마 혼자서 육아를 하게 되었다.

같은 말을 되풀이하지만 모든 생물은 자손을 남기기 위해서 산다. 그래서 "육아를 하지 않는 포유류 수컷은 살 가치가 없는 것인가?" 하고 묻는다면 그렇지 않다. 계속 새로운 암컷을 뒤쫓는 수컷은 다른 수컷과 번식의 권리를 놓고 격렬한 싸움을 해야 한다. 또 무리를 이끄는 수컷은 생명을 걸고 무리를 지킨다.

한편 포유류 중에도 육아를 하는 아빠가 있다. 아빠가 육아에 참여하면 새끼의 생존율이 비약적으로 높아지기 때문이다.

프레리도그

대초원에서 살아가는 작은 동물의 지혜

'초원의 개'라는 뜻의 프레리도그는 아메리카 대초원에서 산다. 다람쥣과 동물로, 실제로는 개하고 전혀 안 닮았지만 위험을 느끼면 "컹컹" 하고 개처럼 짖는다고 해서 이런 이름이 붙었다.

프레리도그는 일부다처제다. 일부다처제인 포유류는 수컷이 육아를 하지 않는 경우가 많지만 프레리도그는 다르다. 프레리도그는 흙 속에 굴을 파고 사는데, 굴 밖은 천적이 많고 위험하다. 그래서 땅 밑에서 암컷과 수컷이 힘을 합해 새끼를 키운다. 게다가 몇 가족이 모여서 협력하며 산다.

숨을 장소가 없는 대초원은 작은 프레리도그에게는 위험으로 가득한 곳이다. 그래서 가족이 힘을 합해 힘겨운 환경을 이겨내야 한다. 프레리도그 수컷은 정말 자식을 끔찍이 사랑한다. 엄마가 새끼에게 젖을 먹이는 동안 아빠는 새끼들의 털을 다듬어주며 새끼와 스킨십을 한다.

하지만 계속 땅 밑에 있을 수는 없다. 프레리도그의 먹이는 풀이다. 그 풀을 먹으려면 굴 밖으로 나가야만 한다. 새끼가 풀을 먹는 동안 부모는 계속해서 주위를 감시한다. 그리고 위험을 감지하면 "컹컹" 하고 시끄럽게 울어댄다. 프레리도그라는 이름의 유래가 된 짖는 소리는 가족에게 위험을 알리는 경계신호다.

프레리도그 가족은 정말 사이가 좋다. 하지만 이들에게도 이윽고 헤어져야 하는 시간이 온다. 새끼가 크면 독립시켜야 하기

때문이다. 일반적으로 포유류는 새끼가 크면 부모를 떠나 독립하는 경우가 많다. 하지만 프레리도그는 조금 다르다. 굴 밖은 위험한 것이 많으므로 소중히 길러온 새끼를 굴 밖으로 그냥 내보낼 수는 없다. 그래서 새끼가 아니라 아빠가 굴을 떠난다.

서글프지만 아버지란 그런 존재인지도 모른다. 다 자라 더이상 부모의 보호를 필요로 하지 않는 자식에게 프레리도그 아빠가 마지막으로 해줄 수 있는 것. 그것은 이제는 다 자란 새끼에게 둥지를 물려주고 스스로 나가는 것뿐이다.

비버

댐 만드는 법을 가르치기 위한 육아

비버는 뛰어난 토목기술자다. 나무들을 이빨로 갉아 쓰러뜨린 다음 나무와 나뭇가지를 알맞게 쌓아올려서 댐을 만든다. 그리고 강을 막아 호수를 만든다. 이는 말 그대로 대규모 공사다.

비버는 '자신의 생활을 위해서 주위 환경을 바꾸는 인간 이외에 유일한 동물'이라고 알려져 있다. 그런데 댐을 만드는 것이 비버의 삶에 어떠한 의미가 있을까?

비버는 댐을 막아 만들어진 호수 속에 나무를 쌓아서 새처럼 둥지를 만든다. 그리고 둥지 밑에 출입구를 만들어 물속에서 둥지로 출입할 수 있도록 한다. 이렇게 하면 수영을 잘하는 비버는 둥지로 들어갈 수 있지만 물속으로 잠수할 수 없는 코요테나 족제비 등 천적은 둥지에 침입할 수 없기 때문에 안전하게 살아갈 수 있다.

그러나 수위가 내려가버리면 둥지 입구가 물 위로 나와버려서 천적이 침입할 수 있다. 그래서 비버는 댐을 만들어 수위를 유지한다. 댐을 만드는 것은 대공사지만 비버에게는 필수적인 생명선이다.

비버는 일부일처제다. 땅 위에는 천적이 많기 때문에 비버는 자신이 만든 호수에서 떠나지 않는다. 둥지에서 크게 자란 청년 비버는 둥지를 떠나 독립하는데, 일단 짝을 만나 가족을 이루면 다른 이성과 만날 기회가 적다. 위험을 무릅쓰고 새로운 배우자를 찾는 것보다는 부부가 해로하면서 건축한 댐과 둥지를 지키는 편이 훨씬 안전하다.

비버는 부부가 힘을 합쳐서 댐을 만들고 둥지를 짓는다. 그리고 둥지 속에서 새끼를 낳고 키운다. 어미는 둥지에서 새끼들을 돌보고, 그런 아내에게 먹이를 날라다 주는 것이 수컷의 역할이다.

호수 속에 둥지를 짓는 비버에게 헤엄치는 것은 살아가는 데 가장 중요한 기술이다. 갓 태어난 비버는 몇 시간만 지나면 물에 뜰 수 있다. 그리고 이후로 부모는 헤엄치는 법을 가르친다. 새끼 비버는 1주일만 지나면 헤엄을 치고 물속으로 잠수도 할 수 있게 된다.

1주일 만에 헤엄치는 것을 완벽하게 습득하는 비버지만 그

후 2년간이나 부모와 함께 둥지 속에서 생활한다. 이듬해 봄이 되면 다음 새끼가 태어나지만 오빠나 언니는 독립하지 않고 그대로 둥지에 머문다. 비버 새끼는 살아가기 위해 배워야 할 것이 많기 때문이다. 그것은 댐 만들기와 둥지 만들기다.

나무를 이로 갉아서 쓰러뜨린 다음 나무와 나뭇가지를 옮기고 그것들을 쌓아올린 후 진흙을 발라 댐을 완성한다. 비버는 그 댐 만드는 기술을 배워야만 한다. 새끼들은 부모의 작업을 도우면서 댐 만드는 법과 둥지를 수리하는 법을 익혀나간다. 이렇게 가족이 총출동해 작업을 한다.

인간이 중장비를 써서 비버의 댐을 파괴해도 마치 마법사의

손길이 지나간 듯 하룻밤이면 원상으로 복구된다고 한다. 댐은 비버가 살아가는 데 필수불가결한 조건이므로, 필사적으로 복구작업을 하는 것이다.

부모에게서 새끼에게, 또 새끼에게서 그 자손에게 댐을 만드는 기술은 면면히 전해내려간다. 제방의 길이를 늘이고 댐의 높이를 높이면 호수는 커진다. 그렇게 되면 비버의 생활범위가 넓어지고 천적과 보다 멀리 떨어질 수 있다. 그래서 비버는 열심히 댐 공사에 힘쓴다. 2007년 위성사진에서 세계 최대의 비버 댐이 발견되었는데, 그 길이가 무려 850미터였다고 한다. 이 댐은 1960년대부터 건설이 시작되어 몇 세대에 걸쳐서 확장이 진행되었으리라고 추정된다. 정말 비버들에게 선조 대대의 사업인 셈이다.

늑대

마음 따뜻한 자식 바보 수컷

늑대에게는 《빨간 모자》나 《늑대와 7마리 아기 염소》에 나오는 것처럼 음흉하고 흉악한 이미지가 있다. 하지만 늑대의 진짜 정체는 그야말로 자식을 끔찍하게 사랑하는 동물이다.

늑대는 일부일처제다. 그것도 수컷과 암컷 중 어느 한쪽이 죽을 때까지 백년해로한다. 《시튼 동물기》맨 처음에 늑대왕 로보의 이야기가 나온다. 로보는 생명을 걸고 덫에 걸린 사랑하는 아내를 구하러 간다. 하지만 결국 잡혀 자신의 목숨까지 잃게 된다.

만화 《도라에몽》에도 〈늑대 가족을 구하라〉는 이야기가 있다. 멸종됐다고 생각한 일본 토종 늑대를 찾은 주인공이 아빠가 가족을 사랑하고 가족이 아빠를 그리워하는 늑대들의 모습에 감동해 늑대 가족을 구해준다는 이야기다.

옛날부터 늑대는 못된 존재로 묘사되는 경우가 많았다. 하지만 사실 늑대는 《시튼 동물기》나 《도라에몽》에서 묘사된 것처럼 가족애로 넘치는 동물이다.

늑대뿐만이 아니다. 자칼이나 코요테, 아프리카들개 같은 사나운 갯과 맹수들은 모두 가족이 함께 육아를 하는, 둘도 없이 마음이 따뜻한 동물들이다.

늑대는 부부를 기본으로 가족이 무리를 지어 산다. 비교적 큰 동물을 사냥감으로 삼기 때문에 힘을 합쳐 사냥하는 것이 유리하다. 늑대 무리는 아빠가 리더가 되고 엄마와 형제자매로 구성된다. 엄마 늑대는 굴에서 새끼를 낳고, 무리를 이끌며 사냥감을 잡아 엄마가 있는 곳으로 먹이를 공급해주는 것은 아빠의 일이다.

새끼가 젖을 떼면 아빠는 고기를 토해내서 새끼에게 먹인다. 새끼를 먹이는 것이 아빠의 일이다. 이윽고 새끼가 자라면 굴에서 나와 조금 높은 곳으로 이동하는데, 그곳에 새끼들을 놔두고 어른들은 사냥을 떠난다. 이때쯤 되면 청년 늑대가 교대로 집을 지키며 동생들을 보살핀다. 이렇게 형제자매가 함께 놀면서 새끼 늑대들은 많은 것을 배운다. 새끼들은 서로 장난치고 놀면서 늑대 사회의 규칙을 배운다. 그리고 사냥하는 법이나 살아가는 데 꼭 필요한 기술을 익혀나간다.

1년이 지나면 새끼들의 몸집은 부모와 거의 비슷해진다. 하지만 아직은 미성숙한 상태다. 진짜 어른이 되기 위한 기간은 새끼에 따라 1년에서 5년까지 차이가 있다. 성숙한 새끼는 무리를 떠나 이성을 만나 새로운 가족을 만든다.

"남자는 다 늑대"라는 말이 있지만, 정말 그렇다면 진짜 멋진 일이다. 진정한 늑대 수컷은 가족을 사랑하고 자식을 끔찍하게 아끼는 존재이니까 말이다.

여우

숨겨진 부모 마음

여우는 갯과 동물이다. 앞에서 소개한 늑대가 그런 것처럼 여우 또한 일부일처제로 수컷도 육아에 참여한다. 그리고 늑대와 마찬가지로 깊은 굴을 만들어 어미가 새끼를 돌보고 아비는 사냥감을 잡아온다.

그러나 늑대는 무리로 살아가는 반면 여우는 무리를 만들지 않는다. 평소에는 단독행동을 하고 번식기에만 짝을 만난다. 늑대는 큰 동물을 사냥하는 데 비해 여우는 쥐나 토끼 같은 작은 동물을 잡아먹기 때문에 무리를 만들 필요가 없다.

그렇지만 혼자서 사냥감의 숨통을 끊는 것은 그리 간단하지 않다. 그래서 여우는 늑대보다 더 넓은 세력권을 갖고 있다. 여우의 세력권은 먹이가 적은 곳에서는 50제곱킬로미터나 된다고 한다. 먹이가 풍부한 일본의 마을 부근 산에서도 그 세력권이 1제곱킬로미터라고 하니 대단하다.

여우는 새끼들을 위해 넓은 세력권을 돌아다니며 먹이를 찾는다. 날렵한 쥐나 산토끼를 잡아야 하는 여우는 여러 가지 사냥 기술을 갖고 있다. 기본적인 사냥법은 점프다. 쥐나 산토끼를 뒤쫓아가서 잡는 것은 쉽지 않다. 그래서 소리 없이 몰래 다가가서 한번에 높이 점프해 사냥감을 덮친다.

그리고 차밍이라고 불리는 사냥법이 있다. 사냥감을 발견한 여우는 사냥감이 도망가지 않을 만큼 떨어진 거리에서 고통스러운 듯 이리저리로 막 뒹군다. 그런 여우의 연기에 홀려서 호기심을 일으킨 사냥감은 도망가는 것을 잊어버리고 만다. 여우는 격렬하게 뒹굴면서 조금씩 가까이 다가간 다음 사냥감의 허를 찌르며 덮친다. 때로는 죽은 척해서 사냥감을 방심하게 하는 일도 있다고 한다. 참으로 마성의 연기, 무서운 속임수다.

또 영리한 여우는 물새 등을 사냥할 때는 수초나 잡초 등을 몸에 감아서 위장하고 가까이 다가가는 일도 있다고 한다. 일본에서는 여우가 미녀로 둔갑할 때 수초를 머리에 쓴다는 이야기가 전해져내려온다. 아마 이러한 여우의 습성에서 나온 이야기일 것이다.

그런데 여우는 이러한 고급기술을 어떻게 익혔을까? 실은 태어나서 3개월이 넘어갈 때쯤 부모 여우가 새끼를 멀리 데리고 간다. 그리고 사냥법을 비롯해 살아가는 데 꼭 필요한 기술들을 가르친다.

이윽고 사냥 기술을 다 가르친 부모는 새끼들에게 먹이 공급을 중단한다. 그렇게 해서 새끼의 자립을 돕는다. 무척 냉정한 것 같지만, 새끼가 살아갈 현실의 냉엄함을 가르치는 일이다. 하지만 그저 엄격하기만 한 것은 아니다. 가까이에 미리 먹이를 숨겨두고 새끼들이 스스로 찾을 수 있게 한다. 겉으로는 엄격하지만 진심은 따뜻함이 흘러넘치는, 이것이 바로 여우의 육아다.

여름이 끝나고 가을이 되면 이별할 때가 온다. 새끼들이 언제까지나 부모 곁에 있을 수는 없다. 이때 부모 여우는 아주 매섭게 행동한다. 새끼들을 위협하고 때로는 달려들어 물어뜯듯이 하며 내쫓는다.

여우는 자식 사랑이 끔찍한 동물이다. 육아를 할 때는 아주 따뜻하게 보살피고 새끼들도 마음껏 응석을 부린다. 하지만 독립시켜야 하는 시기가 되면 매서운 태도로 돌변한다. 처음에는 새끼도 무슨 일이 일어났는지 이해하지 못하고 어리둥절하면서 부모 곁으로 돌아오려고 한다. 하지만 늘 따뜻하던 부모는 이제 없다. 새끼가 돌아올 때마다 부모는 새끼를 위협하며 쫓아낸다.

이윽고 새끼들도 포기한 듯 부모 곁을 떠나간다. 그리고 그들 또한 세력권을 갖고 부모가 되어간다. 이것이 여우의 자립이다. 매몰차 보이지만 이것은 새끼를 자립시키기 위해서다. 그리고 이것이야말로 여우의 부모 마음이다.

마모셋

가족의 유대가 강한 조그만 원숭이

마모셋은 남미 아마존 오지에 사는 아주 작은 원숭이다. 신장이 겨우 10~20센티미터 정도. 그중에서도 작은 피그미마모셋은 사람 손가락에 앙증맞게 매달려 있거나 손바닥에 올려져 있는 사랑스러운 사진으로 많이 소개되고 있다. 작은 헝겊 모형도 파는데 정말 그 헝겊 모형과 다름없는 크기다. 피그미마모셋은 오랫동안 '세계에서 가장 작은 원숭이'라고 불렸다. 하지만 1998년에 피그미쥐여우원숭이라는 더욱 작은 원숭이가 발견되어 아쉽게도 그 칭호를 빼앗기게 되었다.

마모셋은 일부일처제다. 그것도 같은 짝과 백년해로한다. 작지만 무척 훌륭한 원숭이다.

맹수가 득실거리는 정글에서 작은 마모셋이 살아가는 것은 쉬운 일이 아니다. 늑대나 사자에게 쫓길 때는 나무 위로 도망치면 되지만, 정글에서는 커다란 새가 나무 위에 있는 사냥감을 노린다. 겨우 나뭇가지 밑으로 숨어도 이번엔 거대한 뱀이 슬며시 다가온다. 또 무서운 맹수인 재규어도 아무렇지 않게 나무 위로 올라온다. 작은 원숭이에게 정글은 너무나 위험한 장소다. 그 혹독한 환경을 살아내기 위해서 필요한 것은 무엇일까?

그것은 바로 가족의 유대다. 마모셋 암컷은 쌍둥이를 낳는다. 원숭잇과 동물이 한 번에 낳는 새끼는 1마리인 경우가 많다. 그리고 그 새끼를 소중하게 키운다. 하지만 천적이 많은 정글에서는 새끼가 1마리뿐이라면 무사히 살아남지 못할 가능성이 높다. 그래서 마모셋은 쌍둥이를 낳는다.

그렇다고는 해도 각각의 새끼에게 주는 사랑이 줄어드는 것은 아니다. 마모셋 신생아의 체중은 놀랍게도 어미의 10퍼센트나 된다. 2마리라면 체중의 20퍼센트다. 조금이라도 몸이 큰 새끼를 낳는 편이 생존율을 높일 수 있다. 그래서 어미는 작은 몸이지만 온 힘을 다해 큰 새끼를 낳는다.

하지만 문제가 있다. 천적이 많은 마모셋은 항상 안전한 장소를 찾아서 이동해야만 한다. 그런데 큰 신생아를 데리고 이동하는 것은 아주 힘든 일이다. 엄마 혼자서 새끼를 2마리나 옮기는 것은 도저히 불가능하다. 그래서 아빠가 새끼 운반을 돕는다.

최근의 연구에 따르면 새끼가 태어나고 1주일간은 엄마보다 아빠가 주로 새끼를 업거나 돌봐준다고 한다. 출산과 수유로 지친 아내를 배려하는 것일까? 하지만 새끼에게 젖을 주는 것은 아빠가 할 수 없다. 그래서 수유시간이 되면 아빠는 엄마가 있는 곳으로 새끼를 데리고 간다.

　마모셋은 1년에 2번 출산해서 가족을 늘려간다. 그러면 반년 전에 태어난 언니, 오빠도 부모를 본받아 동생을 업어주거나 돌봐준다. 이렇게 온 가족이 힘을 합해 육아를 해나간다.

올빼미원숭이

수유 이외의 육아는 전부 수컷의 역할

일본 리쿠르트 사에서 펴낸 《2014년 트렌드 예측》에 '올빼미원숭이 부부'라는 말이 나온다. 올빼미원숭이는 남미에 사는 원숭이다. 일본에서는 '요자루'라고 부르는데 밤 원숭이라는 뜻이다. 그 이름대로 야행성이다.

밤 원숭이라고 하면 뭔가 가정을 돌보지 않고 놀러 다니는 것처럼 들리지만 그렇지 않다. 올빼미원숭이는 정말 성실하게 육아를 하는 원숭이로 유명하다. 일본에서 유행어가 된 '육아남'이라는 말은 육아를 돕는 남성을 의미한다. 하지만 올빼미원숭이는 엄마가 아니라 아빠가 주로 육아를 한다. 단순히 육아를 돕는 것이 아니라 엄마와 아빠가 대등한 위치에서 협력해 자식을 키우는 것이 올빼미원숭이 부부다.

확실히 올빼미원숭이의 육아남다운 모습에는 눈이 휘둥그레진다. 무조건 새끼를 안고 있거나 새끼의 털을 핥아주는 것은 모두 아빠의 역할이다. 엄마가 하는 일은 수유뿐이다. 대단한 육아남이라도 수유만은 수컷이 할 수 없다. 그래서 수유할 시간이 되면 새끼를 암컷이 있는 곳으로 데리고 간다. 하지만 수유가 끝나면 다시 수컷이 새끼를 맡는다. 이렇게 수유 이외의 육아는 전부 수컷이 담당한다.

올빼미원숭이는 작은 원숭이로 암컷의 체중이 600~900그램밖에 안 나간다. 그런데도 100그램이 넘는 새끼를 낳는다. 올빼미원숭이 암컷에게 출산은 너무나 힘든 일이다. 그래서 수컷이 육아를 도맡아 출산으로 지친 암컷의 체력 소모를 방지하는 것으로 생각된다. 올빼미원숭이는 일부일처제로 같은 짝과 백년해로한다. 그 말은 암컷의 체력을 회복시키는 것이 다음 출산을 위해서 유익하다는 뜻이다.

원숭이 선조에 가깝다고 여겨지고 원원류(原猿類)라고 불리는 종류는 아프리카와 아시아의 남부에 분포되어 있다. 한편 아프리카의 개코원숭이나 아시아의 일본원숭이처럼 조금 더 진화한 종류는 구세대원숭잇과다. 그리고 거기서 더 진화한 것으로 고릴라, 침팬지, 긴팔원숭이, 오랑우탄 등의 유인원이 있다.

그런데 중남미에는 독자적으로 진화한 종류가 있다. 이것이 신세계원숭잇과다. 올빼미원숭이는 신세계원숭잇과의 일종이

다. 앞에서 소개한 마모셋도 신세계원숭잇과에 속한다. 신세계
원숭잇과는 독자적으로 진화하는 가운데 정글에서 살아남기
위해 수컷이 육아를 하는 쪽을 선택했다.

긴팔원숭이

부부가 함께 오랜 시간을 육아에 투자

긴팔원숭이는 그 이름대로 팔이 긴 원숭이다. 열대우림의 나무 위에 살며 긴 팔을 이용해 나무에서 나무로 건너다닌다.

긴팔원숭이는 일부일처제로 짝을 이루어 살아간다. 사실 원숭이는 진화할수록 무리를 만들어 사는 것이 많아지고 이렇게 짝 단위로 살아가는 것은 드물다. 원숭이는 세력권을 형성한다. 그런데 단둘이서 세력권을 만드는 것은 간단한 일이 아니다. 그래서 무리를 만들어 복수의 개체로 넓은 세력권을 유지한다. 긴팔원숭이가 부부 단위로 살아갈 수 있는 것은 부부가 유지할 만한 좁은 범위 안에 먹이가 풍부하게 있기 때문이다.

포유류는 크고 힘이 센 수컷이 암컷을 지키는 경우가 많다. 하지만 나무 위에 살면서 나무에서 나무로 날듯이 이동하는 생활에서는 수컷이 커질 필요가 없다. 몸이 너무 커지면 "원숭이도 나무에서 떨어질 때가 있다"는 속담을 실현하게 될 뿐이다.

그래서 긴팔원숭이는 암컷과 수컷이 큰 차이 없이 아주 닮은 모습을 하고 있다.

그리고 암컷과 수컷이 협력해서 세력권을 지킨다. 수컷이 암컷과 새끼를 지켜주는 것이 아니기 때문에 당연히 육아 부담도 공평하다. 암컷이 육아에만 열중하면 수컷 혼자서는 소중한 세력권을 지킬 수 없다.

긴팔원숭이의 육아기간은 8년 정도로 동물 중에서는 아주 길다. 수유기간은 2년 정도지만 새끼가 어릴 때뿐만 아니라 사춘기가 되어 독립할 때까지 육아가 계속된다. 육아하는 동안에는 새롭게 출산하지 않기 때문에 새끼는 완전한 외동이다. 게다가 무리를 만들지 않기 때문에 다른 새끼들과 놀 기회도 없다. 그래서 새끼의 놀이 상대가 되는 것도 부모의 중요한 역할이다.

그러나 사춘기가 되면 새끼도 부모에게 반발하게 된다. 이렇게 부모를 떠나 독립하는 것이다. 그리고 이때쯤 되면 부모도 다시 새로운 새끼를 만들어야 하는 시기다. 그래서 새끼를 내쫓고 독립하도록 재촉한다.

새끼가 반발하고 그런 새끼를 독립시키는 것은 포유류에서 일반적으로 볼 수 있는 행동이다. 하지만 긴팔원숭이는 육아의 끝에 특별한 행동을 보여준다. 긴팔원숭이가 살아가기 위해서는 세력권이 필요하다. 그러나 다른 많은 원숭이들이 이미 세력권을 확보하고 있는 가운데 부모 곁을 떠난 어린 원숭이가 세력권을 확보하는 일은 간단하지 않다.

그래서 긴팔원숭이 부모는 새끼의 세력권 확보를 돕는다. 긴팔원숭이는 날카로운 목소리로 울음소리를 내면서 세력권을 주장한다. 긴팔원숭이 부모는 다른 원숭이를 쫓아내고 자신들의 세력권을 조금씩 확장한 다음, 넓어진 영토의 일부를 새끼의 세력권으로 양보한다.

새끼가 미래를 함께할 짝을 찾을 때까지 부모가 협력하는 경우도 있다고 한다. 새끼가 짝을 찾아 새로운 젊은 부부가 되어 세력권을 지키게 되었을 때 부모의 역할이 끝나는 셈이다. 그때 긴팔원숭이 부모는 어떤 기분일까? 자식을 결혼시키는 인간 부모의 기분과 비슷할까?

고릴라

새끼에게 사회의 규칙을 가르치는 수컷

영장류학자인 위튼은 수컷과 새끼의 친밀성을 기준으로 영장류를 3종류로 나눴다. 가장 열심히 육아를 하는 것이 제1그룹이다. 제1그룹에는 이미 소개한 마모셋과 긴팔원숭이가 들어간다. 다음으로 새끼와 친밀한 관계를 갖지만 적극적인 육아를 하지 않는 것이 제2그룹이다. 제2그룹에는 고릴라가 들어간다. 그리고 제3그룹은 수컷이 육아를 하지 않지만 새끼를 허용하고 때로는 새끼와 친밀한 관계를 보인다. 제3그룹에는 일본원숭이와 침팬지가 포함된다.

덧붙이면 영장류인 인간은 고릴라와 같은 제2그룹에 포함된다. 아쉽지만 육아만 놓고 보면 인간은 진화적으로 하등한 존재인 마모셋이나 긴팔원숭이를 따라가지 못한다.

그러면 우리 인간과 같은 그룹으로 분류된 고릴라의 육아는 어떨까? 고릴라는 우두머리 수컷 1마리가 복수의 암컷을 거느리는 하렘을 형성한다. 일반적으로 하렘을 만드는 동물은 수컷이 육아에 그다지 참여하지 않는 것이 통설이다. 여하튼 무리를 지켜야만 하고, 애당초 수컷 1마리가 많은 암컷을 독점하고 있기 때문에 태어나는 새끼 수도 엄청나게 많다. 도저히 다 돌볼 수가 없다.

하지만 하렘을 만드는 고릴라는 인간과 같은 그룹에 분류되어 있다. 다시 말해 인간의 아빠와 비슷한 정도의 육아는 하고 있다는 말이다. 도대체 어떤 식으로 육아를 하고 있을까?

갓 태어난 고릴라 새끼는 아주 작다. 태어날 때의 체중이 3킬로그램도 넘지 않을 정도다. 이 작은 새끼를 어미가 젖을 먹여서 세 살이 될 때까지 키운다. 이런 연약한 아기에게 거구의 고릴라 수컷이 해줄 수 있는 것은 없다. 새끼가 작을 때는 어미가 항상 안고 애정을 쏟는다.

그러다 새끼 고릴라가 젖을 뗄 때가 되면 엄마는 아빠 고릴라가 있는 곳으로 새끼를 데리고 가서 두고 온다. 다른 암컷들도 마찬가지로 새끼를 데리고 오기 때문에 고릴라 수컷 주위에는 새끼 고릴라들이 잔뜩 모인다. 마치 유치원처럼 보인다.

고릴라 유치원에서는 새끼들끼리 어울려 잘 논다. 고릴라 수컷이 적극적으로 새끼들을 돌봐주는 것은 아니다. 하지만 새끼들이 싸우기 시작하면 중재에 나선다. 싸움 중재는 아주 공평하다. 아빠 고릴라는 어린 새끼나 공격을 받은 새끼를 보호한다. 모든 새끼가 자신과 피를 나눈 관계이므로 편애할 필요가 없기 때문이다.

이렇게 아빠 고릴라 밑에서 새끼들은 사회의 규칙을 익힌다. 성장함에 따라 새끼들은 엄마가 있는 곳과 아빠가 있는 곳을 왔다갔다하게 된다. 그것은 마치 응석과 자립 사이를 왔다갔다하는 것처럼 보인다. 이윽고 새끼들은 엄마의 잠자리가 아닌

아빠의 잠자리에서 자게 되고, 더 발전해서 아빠의 잠자리 가까이에 자신의 잠자리를 만들어 잠들게 된다. 이렇게 자기 잠자리를 만드는 것이 고릴라에게는 자립의 증거라고 한다.

동물원에서 인간에게 사육된 고릴라는 육아를 할 수 없다는 이야기가 있다. 고릴라 새끼는 고릴라 부모에게 키워져야만 비로소 진짜 고릴라가 된다.

큰박쥐

포유류 중에서 유일하게 수유를 하는 수컷

포유류의 큰 특징은 새끼에게 젖을 먹인다는 것이다. 포유류 암컷은 출산하면 새끼에게 수유를 한다. 그러나 수유를 하는 건 암컷뿐이지 수컷이 수유하는 일은 없다.

포유류는 어미 배 속에서 새끼를 키우는 임신기간이 긴 만큼 교미에서 태어날 때까지의 기간이 길다. 자기 배 아파 새끼를 낳은 어미에게는 틀림없는 자신의 새끼다. 그러나 수컷에게는 태어난 새끼가 자신의 새끼인지 아닌지가 불확실하다.

수유라는 것은 자기 몸의 영양분을 나눠주는 일이다. 말하자면 자신의 살을 깎아 새끼에게 주는 일이다. 자기 새끼라면 자신의 몸을 나눠줘도 아깝지 않지만 타인의 새끼에게 소중한 몸을 줄 수는 없다. 그래서 포유류 수컷은 육아를 도와주는 일은 있어도 수유는 하지 않는다. 수유는 배 아파 새끼를 낳은 어미만의 성역이다.

하지만 일부일처제에서 태어난 새끼는 자신의 새끼일 가능성이 높다. 따라서 새끼에게 많은 노력을 쏟는 수컷도 있다. 앞에서 소개한 마모셋이나 올빼미원숭이는 수유 이외에 대부분의 육아를 수컷이 하고 있을 정도다. 저렇게까지 하려면 차라리 수컷이 수유까지 하도록 진화하는 게 나았겠다는 생각도 든다.

그런데 왜 수컷은 수유를 하지 않게 되었을까? 그 이유는 확실하게 알려져 있지 않다. 수컷이 육아를 하는 경우, 수컷은 천적에게 습격당하지 않도록 신경을 쓰고 라이벌을 쫓아내며 세력권을 지킨다. 또 아내와 새끼에게 먹이도 가져다주어야 한다. 수컷은 수컷대로 꽤 힘들다. 이래서는 천천히 수유를 하고 있을 짬이 도저히 나지 않는다. 가장의 역할에 충실하기 위해 수컷에게는 수유가 면제된 것으로 추측하기도 한다. 즉 수컷에게 가슴의 유두는 아무 쓸모 없는 것이다. 수컷은 쓰지 않는 유두를 가진 생물이다.

그런데 놀랍게도 포유류 중에서 수컷이 수유를 하는 것이 있다. 말레이시아 열대우림에 사는 큰박쥐는 수컷도 수유를 한다는 사실이 최근 발견되었다. 큰박쥐 수컷을 포획했는데 유두가 발달했으며 모유가 나오는 유선을 갖고 있었다. 아니, 모유(母乳)가 아니라 부유(父乳)라고 해야 맞겠다.

큰박쥐의 생태는 자세히 알려지지 않았다. 하지만 포획된 큰박쥐 수컷 중에는 유선이 팽팽한 것도 있고, 젖을 빨리는 암컷과 마찬가지로 유선이 기능하고 있는데도 불구하고 젖이 차 있지 않은 것도 있었다. 이것이 큰박쥐 수컷이 수유를 한다고 생각되는 이유다. 수컷의 유두에서 젖이 나오는 예는 가끔 보고되지만 수컷이 새끼에게 수유를 하는 예는 지금까지 다른 포유류에서는 보고된 바가 없다.

그런데 진화 과정에서 아빠가 새끼에게 수유하는 동물이 나타났다. 그것이 바로 인간이다. 인간은 우유병과 분유 덕분에 아빠도 수유가 가능하게 되었다. 인간 수컷은 수유라는, 새끼와 나누는 특별한 교류를 경험할 수 있는 참으로 행복한 생물이다.

10

곤충 수컷의 육아

육아를 하는 곤충류는 많지 않다. 곤충은 뼈가 없고 바깥 표피가 단단해진 외골격 구조를 하고 있다. 그래서 덩치를 크게 키울 수 없다. 그 때문에 어떻게 해도 몸이 작아져버린다.

뼈 있는 척추동물이 진화해 대형화하면서 몸이 작은 곤충류는 척추동물의 먹이가 되는 일이 많았다. 몸집이 작은 그들은 육아를 하고 싶어도 새끼를 지킬 수가 없었다. 그래서 소중하게 새끼를 기르는 것보다 많은 알을 낳아서 자손을 남기는 쪽을 선택했다.

하지만 곤충 중에는 육아를 하는 것도 있다. 전갈이나 집게벌레는 육아를 한다. 전갈은 독침이라는 무기를 갖고 있고, 집게벌레는 강력한 집게를 갖고 있다. 곤충 중에서도 외적에게서 자신을 지킬 기술을 갖고 있는 것은 육아를 할 수 있게 된 셈이다.

또 곤충은 아니지만 거미 중에는 육아를 하는 것이 있다. 곤충을 잡아먹는 거미 또한 천적이 적은 생물이다.

이처럼 육아가 가능한 곤충은 한정적이다. 그것도 이들은 대부분 암컷이 육아를 한다. 그래도 곤충 중에 수컷이 육아를 하는 것이 있다. 그들은 어떻게 육아를 하게 되었을까? 작은 곤충들의 부성애 넘치는 육아를 살펴보기로 하자.

쇠똥구리

비장의 무기인 커다란 똥 경단으로 암컷에게 구애

"똥이나 처먹어라" 하는 욕이 있지만, 정말 똥을 먹고 살아가는 곤충이 있다. 이상하게도 똥을 먹는 벌레 중에는 암컷과 수컷이 힘을 합쳐 육아를 하는 것이 많다. 쇠똥구리는 대표적으로 똥을 먹는 벌레다.

일본 NHK 《모두의 노래》 프로그램에서 〈쇠똥구리는 바빠요〉라는 명곡이 나온 적이 있다. 아빠 쇠똥구리가 가족을 위해 똥을 굴리면서 콧노래를 섞어서 노래를 부른다는 내용의 가사다. 가사에 "나는 오로지 굴리고 있어요, 그냥 이대로 괜찮은 걸까요?" 하고 잠시 불평하는 부분이 있는데, 마치 이 세상 아버지들의 마음을 대변하고 있는 것 같아서 슬프다.

아무리 그래도 쇠똥구리라니, 너무 심한 이름을 붙인 것 같다. 쇠똥구리라는 이름은 똥을 굴리는 것에서 유래했다. 쇠똥구리는 가축 등의 똥을 먹고 사는데, 가축의 똥을 둥글게 뭉쳐 경단을 만든 다음 뒷다리로 굴려서 은신처로 갖고 간다. 그래서 쇠똥구리라고 불린다.

하지만 고대 이집트에서는 쇠똥구리를 신성한 벌레로 여겼다. 똥 경단을 굴리며 움직이는 모습을 동쪽에서 서쪽으로 움직이는 태양으로 보았기 때문이다. 그래서 고대 이집트의 태양신 케프리의 머리는 쇠똥구리 모양이다.

쇠똥구리의 생태는 매우 흥미진진하다. 저 유명한《파브르 곤충기》1권 맨 처음에 등장하는 것도 쇠똥구리다. 그리고 5권에도 쇠똥구리가 등장한다. 쇠똥구리만 2번 등장하는 것을 보면 파브르는 이 곤충이 꽤 마음에 든 모양이다.

쇠똥구리는 암컷에게 구애하기 위한 비장의 무기로 멋진 똥 경단을 만든다. 그리고 그 똥 경단이 마음에 든 암컷은 수컷의 똥 경단 쪽으로 다가온다. 짝이 될 암컷을 만난 수컷은 암컷을 똥 경단 위에 태우고 은신처로 이동한다. 은신처에 도착한 수컷은 굴을 파서 똥 경단을 땅속에 묻고 부부가 함께 굴로 기어들어간다. 그리고 사랑의 행위가 끝나면 암컷은 똥 속에 알을 낳는다.

이때 암컷은 똥 경단을 다듬어 중간이 잘록한 서양배 모양으로 만든다. 왜 힘들게 빚은 동그란 똥 경단을 서양배 형태로 성형할까? 그것은 잘록한 부분에 알을 낳아서 알에게 발효열이 도달하게 하려는 의도라고 생각된다. 그리고 알에서 부화한 유충은 양친이 남겨준 똥 경단 속에서 무럭무럭 자란다.

육아를 한다는 것은 부모가 육아를 할 만한 힘을 갖고 있다는 뜻이다. 쇠똥구리 수컷은 육아를 하지는 않지만, 새끼가 어른이 될 때까지 지켜주고 새끼가 먹고 살 만큼의 멋진 똥 경단을 만든다. 어느 논문에 의하면 세계에서 가장 힘이 센 곤충은 쇠똥구리 수컷이라고 한다. 쇠똥구리는 자기 체중의 1,000배 이상 나가는 똥 경단을 굴릴 수 있다. 물론 이 힘은 새끼를 키우기 위한 것이다. 정말 천하장사 아빠다.

긴다리쇠똥구리

부부가 처음 하는 공동작업은 똥 경단 굴리기

쇠똥구리는 많은 종류가 있지만 그중에서도 몸집이 작은 긴다리쇠똥구리는 수컷이 육아에 협력하는 곤충으로《파브르 곤충기》에서 소개되었다.

인간 세계에서는 웨딩케이크를 칼로 자르는 것이 부부가 함께 처음으로 하는 작업이지만, 양의 똥에서 만나 결혼하는 긴다리쇠똥구리 부부의 첫 작업은 양 똥을 잘라서 경단을 만드는 것이다. 그리고 똥 경단이 완성되면 부부는 힘을 합해 똥 경단을 은신처로 굴린다.

긴다리쇠똥구리는 수컷보다 암컷이 크다. 큰 암컷이 똥 경단 앞에 서서 앞다리로 경단을 안고 잡아끌면서 뒷걸음질한다. 그러면 수컷은 뒤에서 물구나무서기 자세를 하고 뒷다리로 경단을 민다. 이렇게 협력해 몇 시간 동안이나 똥 경단을 굴리며 울퉁불퉁한 길을 기어간다.

똥 경단을 다 옮긴 암컷은 굴을 파기 시작한다. 그동안 수컷은 꼼짝 않고 소중한 똥 경단을 지킨다. 그리고 암컷이 굴을 파면서 똥 경단을 아래로 잡아당기면 수컷은 흙이 무너지지 않도록 조심하면서 신중하게 똥 경단을 굴속으로 집어넣는다. 이렇게 해서 똥 경단은 굴 깊은 곳까지 들어간다.

이윽고 굴속에서 수컷만 밖으로 나온다. 그사이에 암컷은 똥 경단을 서양배 모양으로 다듬고, 중간이 잘록하게 다듬어진 똥 경단 속에 알을 단 하나만 낳는다. 다음날이 되어 암컷이 굴 밖으로 나오면 부부는 다시 함께 양 똥이 있는 곳으로 떠난다.

밖에서 보고 있지만 말고 좀더 도와달라고 짜증을 낼 만도 한데, 암컷은 그러지 않는다. 아마도 수컷에게는 외적을 막는 역할 같은 것이 맡겨져 있는 것 같다.

이렇게 시간과 수고를 다해 하나하나 소중하게 알을 낳는다. 똥 경단은 유충에게 먹이가 되고 외적이나 건조로부터 몸을 지켜주는 집도 된다. 긴다리쇠똥구리 유충은 부모가 마련해준 똥 경단 속에서 무럭무럭 자란다.

송장벌레

새끼 입속에 먹이를 넣어주는 수컷

송장벌레는 작은 동물의 사체를 먹고 살기 때문에 사체에서 기어나온다. 그래서 송장벌레라고 불리게 되었다. 또 땅을 파서 사체를 묻은 다음 먹기 때문에 '매장충'이라고도 불린다. 어느 쪽이나 기분 나쁜 이름이다.

사체에 몰려드는 송장벌레들은 수컷은 수컷끼리, 암컷은 암컷끼리 먹이인 사체를 둘러싸고 싸운다. 그리고 싸움에서 이긴 수컷과 암컷이 다른 벌레들이 부러워하는 베스트 커플이 된다. 이 부부가 힘을 합해서 육아를 한다.

우선 땅을 파서 사체를 안전한 장소에 묻어야만 한다. 저 유명한《파브르 곤충기》에 의하면 이때 수컷이 중요한 역할을 담당한다. 송장벌레는 사체 밑을 파서 점차 사체를 흙 속으로 가라앉힌다. 그런데 이때 작업이 잘 진행되지 않을 때가 있다. 그러면 수컷은 지면의 상태를 살펴서 사체가 묻히지 않는 원인을 찾거나 새로운 매장 장소를 찾아낸다. 수컷은 훌륭한 현장감독인 셈이다.

그리고 송장벌레 부부는 새끼들을 위해서 요리를 하기 시작한다. 사체의 날개나 털을 정성껏 제거하고 토한 것을 바르면서 고기를 경단 모양으로 빚는다. 그리고 알에서 유충이 태어나면 암컷과 수컷은 부드럽게 만든 고기를 유충의 입에 넣어준다. 이 육아는 유충이 번데기가 될 때까지 계속된다.

아비가 자기 새끼에게 먹이를 주는 것은 곤충계에서는 정말 드문 일이다. 육아남 중의 육아남이라고 불러도 지나치지 않다. 쇠똥구리나 송장벌레처럼 똥을 먹거나 동물의 사체를 먹는 등, 얼핏 보기엔 하등하게 생각되는 벌레도 이처럼 육아를 잘하고 있다. 사람과 마찬가지로 벌레도 외관으로 판단해서는 안 되는 법이다.

붉은등과부거미

새끼에게 목숨을 거는 수컷의 집념

1995년 일본 오사카에서 외래 생물인 붉은등과부거미가 발견되어 뉴스거리가 되었다. 붉은등과부거미는 오스트레일리아에서는 오래전부터 독거미로 알려져 있기 때문에 일본에 독거미가 침입했다며 큰 소동이 일어난 것이다. 현재 붉은등과부거미는 서식지를 더 확장해 도카이, 긴키 지방을 중심으로 도호쿠에서 규슈까지 넓은 범위에 분포하고 있다.

붉은등과부거미는 등이 붉은 과부거미다. 과부는 남편과 사별한 여성을 말하는데, 왜 이런 슬픈 이름이 붙여졌을까?

붉은등과부거미는 암컷의 크기가 10밀리미터 정도인 데 비해서 수컷은 겨우 3밀리미터 정도로 작다. 그것도 독이 있는 것은 암컷뿐이다. 독거미라고 불리지만 수컷은 독도 없다.

그런데 이다지도 약해 보이는 수컷이 교미를 할 때는 대담한 행동을 한다. 바로 자신의 몸을 암컷의 구기(口器,음식물을 섭취하고 씹어 삼키는 일을 하는 소화기관의 총칭) 앞에 내던지는 것이다. 거미는 눈앞에서 움직이는 것이 있으면 본능적으로 잡아먹는다. 수컷은 일부러 암컷의 먹이가 되는 셈이다. 이렇게 암컷은 짝이 된 수컷을 잡아먹는다. 그리고 남편을 잃은 과부가 된다. 이것이 과부거미라는 이름의 유래다.

그러면 수컷은 왜 스스로 생명을 내던질까? 암컷이 교미 후에 수컷을 잡아먹는 것은 거미 세계에서는 흔한 일이다. 암컷 거미 입장에서는 그것이 설령 남편이라고 해도 움직이는 것이라면 사냥감으로 생각하는 본능은 변하지 않는다. 게다가 교미 후에는 알을 기르기 위해 영양분을 많이 섭취해야만 한다. 수컷 거미는 암컷에게 아주 좋은 영양원이다.

그리고 무엇보다도 수컷 자신에게 그리 나쁜 선택이 아니다. 아직 보지는 못했지만 자기 새끼에게 영양분을 전달하는 것이기 때문이다. 일반적으로 곤충 수컷은 많은 암컷과 교미해서 자손을 남기려고 한다. 하지만 붉은등과부거미는 암컷과 수컷이 만날 기회 자체가 적다. 다른 암컷과 만날 가능성이 적다면 일단 만난 암컷에게 모든 것을 바치는 것이 더 나은 선택이다.

수컷 거미가 단순히 도망치지 못해서 먹히는 건지, 아니면 새끼에게 영양분이 되기를 바라며 스스로 희생하는 건지는 확실하지 않다. 만약 새끼를 위해서 생명을 건 교미에 임하는 것이라고 하면 참으로 궁극의 부정이라고 불러도 좋을 것이다.

그리고 좀더 자세히 살펴보면 붉은등과부거미 수컷이 일부러 암컷 앞에 몸을 내던지는 데는 의도가 있다. 거미의 교미는 복잡하다. 암컷 거미는 생식구가 2개다. 수컷은 다리수염에 정액을 저장해두는 구조로 되어 있다. 수컷의 다리수염도 2개가 있어서 각각 정액을 암컷의 생식구로 보낸다. 붉은등과부거미 수컷은 암컷에게 먹히면서 정액을 보내는 교미의 시간을 늘린다. 그래서 보다 많은 정액을 보낼 수 있다. 실험에 의하면 수컷이 암컷에게 먹히는 동안 교미시간이 배 이상으로 길어진다고 한다.

게다가 수컷은 교미가 끝나면 다리수염 끝을 떼어내어 암컷의 생식구 속에 넣어둔다. 이것이 생식구의 뚜껑이 되어 암컷이 다른 수컷과 교미하는 것을 막는 역할을 한다. 수컷은 생식구 2개에 같은 작업을 해야 한다. 이 시간을 벌기 위해서 수컷은 스스로 암컷의 먹이가 된다. 그리고 암컷에게 너덜너덜하게 먹혀가며 작업을 마치면 숨이 끊기고 완전히 잡아먹혀 사라진다.

붉은등과부거미 수컷을 육아를 하는 벌레라고는 할 수 없을지도 모른다. 하지만 아직 보지도 못한 자식을 남기기 위해 목숨을 거는 것은 진정한 집념의 육아라고 말할 수 있지 않을까?

물자라

내 새끼라고 생각하면 가볍기만 한 알 100개

물자라는 논에 서식하는 2센티미터 정도의 작은 수생곤충이다. 물자라를 일본에서는 '고오이무시'라고 하는데, 아이를 업은 벌레라는 뜻이다. 물자라 암컷은 수컷의 등에 알을 낳는다. 그리고 수컷이 알을 등에 업은 채로 헤엄을 친다. 이런 모습이 아이를 등에 업고 있는 것처럼 보여서 그런 이름이 붙여졌다.

산란을 끝낸 암컷은 어딘가로 가버린다. 그리고 남은 수컷이 알을 지킨다. 많을 때는 100개도 넘는 알을 빽빽하게 등에 지고 다닌다. 그렇게 많은 알을 등에 업고서 헤엄을 친다는 것은 간단한 일이 아니다. 물자라는 낫같이 생긴 앞다리로 작은 물고기나 다른 곤충을 잡아먹는데, 알을 등에 업은 채로 사냥감을 잡아야만 한다. 게다가 등에 알을 업고 있기 때문에 날개를 펼쳐서 날 수도 없다.

그런데 사실 그런 것은 물자라 수컷의 고민거리가 아니다.

진짜 고민은 수컷을 이용하려는 나쁜 암컷들이 계속해서 다가온다는 것이다. 물자라 암컷은 교미한 수컷의 정자를 수정낭이라고 불리는 기관에 모아두었다가 조금씩 낳을 수 있다. 그래서 자칫 방심하면 이전에 교미한 수컷의 알을 자신의 등에 낳아버릴지도 모른다. 그렇게 되면 다른 수컷의 새끼를 양육해야만 한다.

그런 탓에 물자라 수컷은 매우 신중하다. 일단 수면에서 몸을 흔들며 구애행동으로 암컷을 유혹한다. 유혹에 빠져 암컷이 가까이 왔다고 해도 아직 기뻐하기엔 이르다. 어쩌면 그 암컷은 다른 수컷의 새끼를 낳으러 온 것인지도 모르기 때문이다. 물자라 수컷은 결코 경계를 풀지 않는다. 교미를 하고도 바로 알을 낳지 못하게 한다. 구애와 교미라는 의식을 여러 번 반복하고 나서야 비로소 암컷이 자기 등에 알을 낳도록 허락한다.

여러 번 만나보지 않고서는 상대의 사랑을 잴 수 없다. 이런 행동은 교미를 반복해 다른 수컷의 정자를 수정낭 안쪽으로 밀고 자신의 정자로 수정된 알을 태어나게 하려는 노력으로 생각된다.

그래도 방심하면 안 된다. 암컷으로서는 수컷 1마리의 새끼를 남기는 것보다 많은 수컷의 새끼를 남기는 쪽이 다양성이 풍부한 각양각색의 자손을 남길 수 있어서 유리하다. 그래서 바로 산란하지 않고 교미한 여러 수컷의 정자를 일단 모아둘 수 있는 수정낭을 몸에 달고 있는 것이다. 그리고 틈만 나면 모아둔 수정란을 다른 수컷의 등에 낳아버리려고 시도한다.

의심 많은 수컷은 암컷이 알을 1알 낳을 때마다 교미를 한다. 이렇게 해서 확실히 자신의 정자로 만든 알을 낳게 하려고 노력한다. 이런 식으로 교미를 반복해서 알 100개를 등에 짊어지는 것이니 수컷에게도 보통 힘든 일이 아니다.

그런데 더욱 나쁜 암컷도 있다. 수컷은 짝이 된 암컷에게서 경계를 늦추지 않고 구애, 교미, 산란이라는 행동을 반복한다.

한순간도 마음을 놓을 수 없다. 상대의 일거수일투족에 주의하면서 신중하게 일을 진행한다. 그런데 이 틈을 노려 전혀 다른 암컷이 짝에게 정신을 팔고 있는 수컷의 등에 알을 낳아버리는 경우가 있다. 알을 낳고 싶어하는 암컷은 많은 반면 육아를 담당하는 수컷의 수는 적다. 그래서 얼굴을 본 적도 없는 수컷의 등에 알을 낳아버리고 도망간다. 곤충은 발이 짧다. 일단 등에 알이 붙으면 자기 혼자서는 떼어낼 수 없다.

그만큼 신중에 신중을 기했는데도 물자라 수컷이 등에 업은 알의 유전자를 조사했더니 평균적으로 약 30퍼센트는 완전히 남의 알이었다고 한다. 개중에는 업고 있는 알이 전부 다 생판 남의 알인 경우도 있었다고 하니 안타깝다. 이 얼마나 힘든 사랑의 흥정인가? 인간으로 태어나서 정말 다행이라고 생각하지 않을 수 없다.

물장군

알을 지키며 돌보는 수컷

　물장군도 물자라와 같은 종류의 곤충이다. 그러나 물장군 수컷의 육아는 물자라하고는 다르다. 교미를 끝낸 물장군 암컷은 수컷의 등이 아니라 물 위로 돌출된 식물의 줄기 등에 알을 낳는다. 그러면 수컷은 마치 알을 지켜보는 것처럼 알 주변에서 멀어지지 않는다. 그러다 때때로 물에서 올라와 알을 품듯이 덮는다. 알이 마르지 않도록 수분을 공급하는 작업이다.

　그런데 수컷의 등에 알을 낳는 물자라와 달리 왜 물장군은 물 위에 알을 낳을까? 그것은 알의 크기 때문인 듯하다. 물장군, 물자라와 같은 종류의 곤충 중에 소금쟁이가 있다. 소금쟁이는 보통은 물 위에 떠서 생활하지만 알은 물속에 낳는다. 알은 표면을 통해 물에 녹아 있는 산소를 흡수하기 때문에 질식하는 일이 없다. 그런데 알 크기가 커지면 크기에 비해서 표면적이 모자라기 때문에 산소가 부족해지게 된다. 그래서 소금쟁

이보다 알이 큰 물자라는 수컷이 알을 등에 업고 수면 가까이 헤엄쳐다닌다.

물장군의 알은 그보다 더 크다. 그래서 물속에다 낳으면 산소가 모자라게 되므로 물 위에 알을 낳게 된 것이라고 생각된다. 그러면 물장군은 왜 이처럼 큰 알을 낳을까?

물장군은 올챙이 같은 것을 먹고 산다. 작은 알에서 태어난 작은 유충은 도저히 혼자서 먹이를 잡을 수가 없다. 그래서 물장군은 큰 알을 낳아서 큰 유충이 태어나도록 진화했다. 알이 작으면 많이 낳을 수 있지만 알이 크면 많이 낳을 수 없다. 그래서 물장군은 큰 알을 조금만 낳고 이 귀중한 알을 수컷이 소중하게 지키게 되었다.

수컷은 헌신적으로 알을 돌본다. 알을 노리는 천적이 보이면 쏜살같이 물 위로 올라가 알을 감싸안는다. 그리고 앞발을 휘둘러 적을 위협하며 알을 지킨다.

그런데 이런 수컷의 알을 의외의 적이 노린다. 그것은 바로 물장군 암컷이다. 물장군 암컷은 수컷과 교미를 하면 수컷에게 받은 정자를 일단 정자낭이라고 불리는 기관에 보관한다. 그리고 이 정자를 사용해서 한여름 동안 여러 번 산란을 한다.

그런데 암컷이 산란을 해도 돌봐줄 수컷이 없으면 알은 말라서 죽어버린다. 그래서 산란 준비가 된 암컷은 알을 돌봐줄 수컷을 확보하기 위해서 다른 수컷이 지키고 있는 알을 파괴한다. 물론 수컷은 필사적으로 저항한다. 어떻게든 암컷을 쫓아버리거나 암컷과 맞잡고 싸운 끝에 겨우 알을 지켜내기도 한다.

하지만 물장군은 알을 낳는 암컷 쪽이 수컷보다 크다. 그래서 수컷이 제대로 저항하지 못해 알이 파괴당하는 일도 적지 않다. 지켜야 할 알을 파괴당한 수컷은 할 수 없이 암컷을 받아들이고 교미를 한다. 그리고 이번에는 새로운 암컷이 낳은 알을 지킨다.

일본에서 물장군은 '논의 왕자님'이라고 불린다. 논에서는 적이 없는 왕자도 암컷에게는 도저히 당해낼 수가 없다.

에필로그

　수컷이라는 것은 슬픈 생명체다. 만물의 영장이라고 자랑하는 인류를 봐도 수컷의 삶은 그리 자랑할 만한 것이 아니다. 만원 지하철에 흔들리면서 겨우 회사에 도착했나 하면 아침부터 밤까지 상사의 잔소리를 들어야 한다. 정해진 용돈으로는 동료들과 한잔하기도 힘들고, 집에 돌아가도 기쁘게 반겨주는 것은 키우는 강아지 정도다. 그래도 가슴속 깊이 가족을 사랑하고, 말로 하지는 않아도 가족을 위해서 지친 몸을 채찍질하며 하루하루 열심히 살아간다.

　물론 세상에는 그런 애달픈 남자만 있는 것은 아닐지도 모른다. 하지만 많든 적든 그것이 인류의 수컷이다. 그건 어쩔 수 없는 일이다.

　이 책에서 소개한 것처럼 생물의 진화를 보면 수컷은 암컷이 자손을 더 잘 남기도록 도움을 주기 위해 만들어진 존재다. 원래 수컷은 암컷과 새끼들을 위해서 존재한다.

부모가 자식을 생각하는 것은 인간만이 아니다. 이것을 본능이라고 하면 할 말이 없지만, 자연계를 둘러보면 생물들의 육아는 때로는 감동적이다.

예초기로 밭에 난 풀을 깎을 때의 일이다. 엄마 꿩이 알을 품고 있었다. 기계가 무서운 소리를 내면서 가까워지는데도 꿩은 전혀 도망치려고 하지 않았다. 일본에는 "불난 들판의 꿩"이라는 속담이 있는데 그 속담이 떠올랐다. 꿩은 들판에 불이 붙어 불길이 가까이 다가와도 도망가지 않고 계속 알을 품는다고 한다. 그리고 불에 탄 몸으로 끝까지 알을 지킨다고 한다. 예초기에 기죽지 않고 알을 품는 엄마 꿩의 모습에서 자식을 사랑하는 어머니의 강인함을 본 듯한 기분이 들었다.

그런데 한편 수컷의 행동은 기가 막혔다. 아빠 꿩이 높은 울음소리를 내며 울더니 이쪽을 위협하지도, 알을 지키지도 않고 줄행랑을 놓았다. 처자를 두고 도망치는 주제에 그렇게 난리를 칠 필요는 없지 않은가?

같은 아버지로서 너무나 한심하다는 생각이 들었지만, 조금 더 깊이 생각해보니 그렇지 않다는 것을 깨달았다. 암컷 꿩은 보호색을 하고 있지만 수컷은 녹색 깃털과 빨간 얼굴을 하고 있어서 무척 눈에 잘 띈다. 그런 수컷이 새된 소리로 울면 쉽게 표적이 되어버린다. 수컷 입장에서 보면 일부러 울음소리를 내지 않고도 도망갈 수 있고, 풀숲에서 날아올라 눈에 띄게 하지 않고 몸을 숨기고만 있어도 되었다.

수컷이 이처럼 눈에 띄는 행동을 하는 것은 스스로가 미끼가 됨으로써 적의 시선을 돌려 암컷과 알을 지키려는 목적이다. 그토록 수컷이 야단스럽게 도망친 것도 암컷과 알을 지키기 위한 몸부림인 셈이다.

누가 봐도 처자를 두고 도망치는 매정한 아빠지만, 사실은 자기 몸을 던져 온 힘으로 처자를 지키려던 아빠였다. 적 앞을 가로막고 싸우면 멋있어 보일 수는 있다. 하지만 자신이 지면 아내와 새끼까지 당하고 만다. 아내와 함께 알을 지키다가 죽는 것도 체면은 서지만 그래서는 알을 살릴 수 없다.

크게 소리치며 도망가는 모습은 아무래도 멋지다고는 할 수 없다. 하지만 이렇게 적이 자신을 따라오게 만들어 멀리 떼어놓으면 처자를 지킬 수 있다. 아버지의 애정이란 이렇듯 복잡한 것이다. 그리고 이해받기 힘들다. 도망친 꿩에게서 서투른 수컷의 삶을 본 듯한 기분이 들었다.

수컷이라는 것은 슬픈 생물이다. 하지만 그것으로 된 것 아닐까? 보기에는 한심하게 보여도 수컷은 사실 고상한 생물이다. 그리고 행복한 생물이다. 사회에서나 가정에서나 수많은 괴로운 일이 생길 것이다. 하지만 나는 남자로 태어나서 정말 다행이라고 생각한다. 생물 수컷들의 육아를 보면서 마음속 깊이 그런 생각을 했다.

이 책에서 소개한 생물들의 삶은 많은 분들의 충실한 조사와

여보,
적들은 내가
맡을게!

연구를 통해 확실하게 밝혀진 것들이다. 논문과 저자를 인용할 수 있게 해주신 연구자 분들에게 깊은 감사의 말을 전한다. 또 이 책에는 사진을 싣지 않았지만 인터넷 등에서 검색하면 많은 사진을 쉽게 볼 수 있으니 관심이 있는 분은 찾아보기 바란다.

　마지막으로, 이 책의 출판에 힘써주신 치쿠마쇼보오의 가마타 리에 씨에게 감사드린다.

2014년 5월

이나가키 히데히로

수컷들의 육아분투기
아빠 동물들의 눈물겨운 자식 키우기

펴낸날 | 2017년 3월 27일
지은이 | 이나가키 히데히로
옮긴이 | 김수정
일러스트 | 이금희
펴낸곳 | 윌컴퍼니
펴낸이 | 김화수
출판등록 | 제300-2011-71호
주소 | (03174) 서울시 종로구 사직로8길 34, 1203호
전화 | 02-725-9597
팩스 | 02-725-0312
이메일 | willcompanybook@naver.com
ISBN | 979-11-85676-38-8   03490

이 도서의 국립중앙도서관 출판예정도서목록(CIP)은 서지정보유통지원시스템 홈페이지
(http://seoji.nl.go.kr)와 국가자료공동목록시스템(http://www.nl.go.kr/kolisnet)에
서 이용하실 수 있습니다.(CIP제어번호: CIP2017006130)